Die epiphytische Vegetation Amerikas

A. F. W. Schimper

AF519931

Alpha Editions

This edition published in 2022

ISBN : 9789356781535

Design and Setting By
Alpha Editions
www.alphaedis.com
Email - info@alphaedis.com

As per information held with us this book is in Public Domain.
This book is a reproduction of an important historical work. Alpha Editions uses the best technology to reproduce historical work in the same manner it was first published to preserve its original nature. Any marks or number seen are left intentionally to preserve its true form.

Contents

Verzeichniss der benutzten Litteratur.

ANDRÉ, ED. 1. *Nutrition des plantes aériennes. L'Illustration hortieole.* Vol. 24. **1877.** p. 67.

— 2. *Sur les Broméliacées.* Ibid. p. 78.

BAKER, J. G. A. 1. *Synopsis of the species of Diaphoranthema. Journal of Botany.* **1878** p. 236 sqq.

— 2. *A synopsis of the genus Aechmea* R. *et P.* Ibid. **1879.** S.-A.

— 3. *A synopsis of the genus Pitcairnia.* Ibid. **1881.** S.-A.

— 4. *Handbook of the Fern-Allies.* London **1887.**

BALL, J. *Notes on the botany of western South-America. Linnean Society's Journal. Botany.* Vol. 22. p. 137 ff. **1886.**

BELT, TH. *The Naturalist in Nicaragua.* Ed. II. **1888.**

BENTHAM, G., and MÜLLER, F. V. *Flora australiensis.* London **1863–78.**

— et HOOKER. *Genera plantarum.*

CHAPMAN, A. W. *Flora of the southern United States.* 2d Edition. New York **1883.**

CHRIST, D. H. *Vegetation und Flora der Canarischen Inseln. Engler's Botan. Jahrb.* Bd. VI. p. 458 ff. **1885.**

DARWIN, CH. 1. *Insektenfressende Pflanzen*, übersetzt von Carus. **1876.**

— 2. *Voyage d'un naturaliste autour du monde etc.* Trad. par Barbier. **1875.**

DRUDE, O. *Reise der Herren Dr. Bernoulli und R. Cario von Retaluleu in Guatemala nach Comitan in Süd-Mexico, im Sommer 1877. Petermann's geogr. Mittheilungen* **1878.**

EGGERS, H. F. A. *The Flora of St Croix and the Virgin Islands. Bulletins of the U. S. National Museum.* Vol. II. Washington **1879.**

ENGLER. 1. *Araceae.* In *Natürl. Pflanzenfamilien.* II. Theil. 3. Abth. p. 102.

— 2. *Entwickelungsgeschichte der Pflanzenwelt.* 2 Bde.

FRANCHET et SAVATIER. *Enumeratio plantarum in Japonia sponte crescentium.* Paris **1875–79.**

GAMBLE, J. S. *List of the trees, shrubs and large climbers found in the Darjeeling District, Bengal.* Calcutta **1878.**

GARDNER, G. *Travels in the interior of Brazil, principally through the northern provinces etc.* London **1846.**

GÖBEL, K. *Ueber epiphytische Farne und Muscineen. Extr. des Annales de Buitenzorg.* Vol. VII. **1887.**

GRAY, ASA. *Manual of the botany of the northern United States.* 5th edition. New York **1868.**

GRISEBACH, A. H. R. 1. *Flora of the british West Indian Islands.* London **1864.**

— 2. *Plantae Lorentzianae. Bearbeitung der ersten und zweiten Sammlung argentinischer Pflanzen des Prof. Lorentz zu Cordoba.* S.-A. aus dem 19. Bande der *Abhandl. der Königl. Ges. d. Wiss. zu Göttingen.* Göttingen **1874.**

— 3. *Symbolae ad floram argentinam. Zweite Bearbeitung argentinischer Pflanzen etc.* Göttingen **1879.**

— 4. *Berichte über die Fortschritte der Pflanzengeographie.* In *Gesammelte Abhandlungen.* S. 335 u. f.

— 5. *Die Vegetation der Erde.* 2 Bde. **1872.**

HANN, J. 1. *Atlas der Meteorologie. Berghaus' Physikal. Atlas.* Abth. III. **1887.**

— 2. *Handbuch der Meteorologie.* Stuttgart **1883.**

HARVEY, W. H. 1. *The genera of south.-african plants.* Cape Town **1838.**

— 2. *Thesaurus capensis etc.* Bd. I–II. **1859–63.**

HEMSLEY. *Biologia centrali-americana etc. Botany.* Bd. 1 u. 2. London **1879–82.**

HOOKER, W. J. *Species filicum.* 5 Bde.

HOOKER, J. D. 1. *Botany of the antarctic voyage of H. M. discovery ships Erebus and Terror etc. I. Flora antarctica.* Bd. 2. London **1847.**

— 2. *On the plants of the temperate regions of the Cameroons Mountains and Islands in the Bight of Benin; collected by Mr Gustav Mann, Government Botanist. Linn. Soc. Journ.* Vol. VII. p. 171 f.

— 3. *The Flora of British India.* Part I–XIII. **1875—86.**

— 4. *Handbook of the New-Zealand Flora.* London **1867.**

— 5. *Niger Flora.* London **1849.**

— 6. *Himalayan Journals.* London **1854.**

HIERONYMUS, J. 1. *Plantae diaphoricae florae argentinae.* Buenos Aires **1882.**

— 2. *Observaciones sobre la vegetacion de la Provincia de Tucuman. Boletin de la Academia nacional de ciencias exactas existente en la Universidad de Cordoba.* **1874.**

— 3. *Icones et descriptiones plantarum quae sponte in republica argentina crescunt.* Breslau **1885.** Lief. I. p. 10 sqq.

— 4. *Ueber die Bromeliaceen der Republik Argentina. Jahresber. der Schles. Ges. für vaterl. Cultur* im Jahre **1884.** p. 282 ff.

— 5. *Ueber die klimatischen Verhältnisse der südlichen Theile von Süd-Amerika und ihre Flora.* Ibid. p. 306.

HILDEBRAND, F. *Die Verbreitungsmittel der Pflanzen.* Leipzig **1873.**

JANCZEWSKI, E. DE. *Organisation dorsiventrale dans les racines des Orchidées. Extrait des Annales des Sciences botaniques.* **1883.**

JOST, L. *Ein Beitrag zur Kenntniss der Athmungsorgane der Pflanzen. Botanische Zeitung* **1887.**

KERBER, EDM. *Ueber die untere Niveaugrenze des Eichen- und Kiefernwaldes am Vulkan von Colima. Verh. des bot. Ver. der Provinz Brandenburg.* 24. Jahrgang **(1882).** Berlin **1883.**

KRÜGER, P. *Die oberirdischen Organe der Orchideen in ihren Beziehungen zu Klima und Standort. Flora* **1883.**

LIEBMANN, FR. *Eine pflanzengeographische Schilderung des Vulkans Orizaba. Botan. Zeit.* **1844.** p. 668.

LIERAU, M. *Ueber die Wurzeln der Araceen. Engler's Bot. Jahrb.* Bd. 9. p. 1.

LORENTZ, P. P. G. 1. *Vegetationsverhältnisse der argentinischen Republik.* Aus dem vom argentinischen Central-Comité für die Philadelphia-Ausstellung herausgegebenen Werke. Buenos Aires **1876.**

— 2. *Einige Bemerkungen über einen Theil der Provinz Entre-Bios.* Buenos Aires **1876.**

— 3. *La Vegetacion del Nordeste de la provincia de Entre-Rios.* Buenos Aires **1878.**

— 4. *Informe official de la comision scientifica agregado al estado mayor general de la expedicion al Rio Negro (Patagonia) etc.* Buenos Aires **1881.**

MALZINE, O. DE. *La Flore mexicaine aux environs de Cordoba.* Gand **1878.**

MARTIUS. *Ueber die Vegetation der unächten und ächten Parasiten zunächst in Brasilien. Gelehrte Anzeigen.* München **1842.**

—, EICHLER, URBAN. *Flora brasiliensis.*

MIQUEL, F. A. W. *Flora van Nederlandsch Indië.* **1856.**

NIEDERLEIN, G. 1. *Reisebriefe über die erste deutsch-argentinische Landprüfungs-Expedition etc. I. Theil. Nach Misiones und zu den Hundert Cataracten des Y-Guazu.* S.-A. aus dem »*Export*«. Berlin **1883.**

— 2. *Einige wissenschaftliche Resultate einer argentinischen Expedition nach dem Rio Negro (Patagonien). Zeitschr. der Ges. f. Erdkunde zu Berlin.* Bd. 16. **1881.**

OCHSENIUS, C. *Chile, Land und Leute.* Leipzig **1884.**

OLIVER, D. *Flora of tropical Africa.* Vol. I–III.

PESCHEL, O. *Physische Erdkunde,* herausgegeben von Leipoldt. 2. A. 2 Bde. Leipzig **1884–85.**

PHILIPPI, FR. 1. *Catalogue plantarum vascularium chilensium.* Santiago de Chile **1881.**

— 2. *Vegetation of Coquimbo. Journ. of Botany* **1883.**

PHILIPPI, R. A. *Botanische Reise nach der Provinz Valdivia. Botanische Zeitung* **1858.**

POEPPIG. *Reise in Chile, Peru und auf dem Amazonenstrom.* 2 Bde.

POLAKOWSKY, H. *Die Pflanzenwelt von Costa Rica. XVI. Jahresbericht des Vereins für Erdkunde zu Dresden.* **1878–79.** p. 25 sqq.

PUYDT, E. DE. *Les Orchidées, Histoire iconographique etc.* Paris **1880.**

REIN, J. J. *Japan nach Reisen und Studien.* **1881.**

RICHARD, A., et GALEOTTI, H. *Monographie des Orchidées mexicaines, précédée de considérations générales sur la végétation du Mexique et sur les diverses stations ou croissent les espèces d'Orchidées mexicaines. Comptes rendus de l'Acad. d. sc. de Paris.* Bd. 18. **1844.** p. 497 ff.

RIDGWAY, R. *New stations for Tillandsia. Bullet. Torrey Bot. Club.* Vol. VIII. **1881.**

SCHENCK, H. *Beiträge zur Kenntniss der Utricularien. Utr. montana Jacq. und Utr. Schimperi n. sp. Pringsheims Jahrb.* Bd. 18. **1887.**

SCHOMBURGK, R. *The Flora of South-Australia.* Adelaide **1875.**

SCHRÖDER, G. *Ueber die Austrocknungsfähigkeit der Pflanzen. Untersuchungen aus dem Botanischen Institut zu Tübingen.* Bd. II, Heft 1. **1886.**

ST HILAIRE, A. DE. *Tableau de la Vegetation primitive dans la province de Minas Geraes. Annales des Sciences naturelles,* **1831.**

TREUB, M. *Sur les urnes du Dischidia Rafflesiana. Ann, de Buitenzorg.* Vol. III. **1881.**

WAGNER, M. *Ueber den Charakter und die Höhenverhältnisse der Vegetation in den Cordilleren von Veragua und Guatemala. Sitzber. der bayr. Akad.* **1866.** I. p. 151.

WEDDELL, H. A. *Voyage dans le nord de la Bolivie et dans les parties voisines du Pérou.* Paris **1853.**

WITTMACK, L. *Bromeliaceae.* In *Natürl. Pflanzenfam.* II. Theil. 4. Abtheil. p. 32.

ZOLLINGER, H. *Ueber Pflanzenphysiognomik im Allgemeinen und diejenige der Insel Java insbesondere.* Zürich **1855.**

Einleitung.

Amerika war vor dem Einfluss der Kultur theilweise von dichten Wäldern, theilweise von Savannen mit dünnen Holzbeständen, theilweise, aber in geringem Grade, von Wüsten bedeckt. Die dicht bewaldeten Gebiete gehören theils den beiden temperirten Zonen, theils der tropischen an, und zwar besitzt der Urwald in jeder derselben eine charakteristische Physiognomie.

Der nordamerikanische Wald trägt, namentlich im Osten, wesentlich die Züge des europäischen. Er zeigt ebenfalls eine scharfe Differenzirung in Laub- und Nadelholzbestände, von welchen die ersteren im Osten, die letzteren im Westen vorherrschen. Die Baumarten sind allerdings im nordamerikanischen Walde weit zahlreicher als im europäischen; sie gehören aber zum grössten Theile denselben Gattungen an und weichen habituell nicht hinreichend von unseren Waldbäumen ab, um einen wesentlichen physiognomischen Unterschied zu bedingen. Aehnliches gilt von der nur wenig mehr entwickelten Schattenvegetation. von den Schlingpflanzen, die ebenfalls sehr zurücktreten, und von den Epiphyten, die, ausser in den südlichen Staaten, alle zu den Moosen und Flechten gehören.

Der tropische Urwald nimmt den grössten Theil des äquatorialen Amerika ein. Nach Norden erstreckt er sich nur bis zum Wendekreis, während er sich in Form eines schmalen Streifens längs der Ostküste bis zum 30° s. B. fortsetzt. Sein physiognomischer Charakter ist, abgesehen von topographischen Unterschieden, die sich in ähnlicher Weise in den verschiedenen Zonen wiederholen, beinahe in seiner ganzen Ausdehnung sehr gleichartig und von denjenigen des nordamerikanischen Urwalds durchaus verschieden. Der physiognomische Unterschied zwischen dem tropischen und dem nordamerikanischen Urwald ist theilweise durch die systematische Zusammensetzung, noch mehr aber durch Eigenthümlichkeiten der Structur und Lebensweise bedingt, die sich bei Pflanzen aus verschiedenen Familien wiederholen und demnach als Anpassungen an die äusseren Bedingungen aufzufassen sind.

Die Physiognomie des tropischen Urwalds ist in erster Linie durch den Kampf um das Licht bedingt, dessen Einfluss in allen Pflanzenformen des Urwalds zur Geltung kommt, in der ungeheuren Entwicklung des Laubs, in der oft schirmartigen Verzweigung der Baume, in den tauartigen Lianen, namentlich aber in den Epiphyten, die, den Boden ganz verlassend, auf dem Gipfel der Bäume sich ansiedeln. Wahrend der Boden zwischen den Baumstämmen, den Lianen und Luftwurzeln oft beinahe keine Pflanzen tragt, prangt über dem Laubdache eine üppige und artenreiche Vegetation, die sich der Bäume als Stütze bedient hat, um an das Licht zu gelangen. Kein

Baumzweig wird versuchen, sein Laub im Lichte auszubreiten, ohne mit seinen epiphytischen Bewohnern in Conflikt zu gerathen. Umsonst erheben sich die Aeste übereinander, streben immer mehr nach oben; sie werden bald von Bromeliaceen, Araceen, Orchideen überwuchert oder gar von dem grauen Schleier der Tillandsia usneoides ganz umhüllt. Nicht selten erliegt der Wirthbaum, wenn seine Blätter durch die Hülle der Tillandsia usneoides nicht durchzudringen vermögen oder seine Aeste durch die sie wie eiserne Ringe umklammernden Luftwurzeln gleichsam erwürgt werden. Er stirbt und vermodert, fällt aber selten auf den Boden, indem die Luftwurzeln gewisser seiner Gaste (Clusia, Feigenbäume etc.) um seinen Stamm einen vielfach durchgitterten, aber festen Hohlcylinder bilden, der ihn aufrecht hält und den Epiphyten die gleichen Vortheile gewährt, wie der Stamm selbst.

Den antarktischen Urwald, der sich an der Westküste vom 36° s. B. bis nach Feuerland zieht, kenne ich aus eigener Anschauung nicht. Er nähert sich in seiner systematischen Zusammensetzung mehr dem nordamerikanischen als dem tropischen Walde, trägt aber nicht viel weniger als der letztere das Gepräge des Kampfes ums Licht. Lianen und Epiphyten bilden auch im antarktischen Urwald einen hervortretenden Zug, ohne jedoch bei weitem dieselbe Mannigfaltigkeit, wie im tropischen, zu erreichen.

Die Vegetation aller Wälder leidet unter der gegenseitigen Beschattung; der Kampf ums Licht waltet im nordamerikanischen Walde ebenso, wie im tropischen, und doch hat er nur in letzterem auffallende Anpassungen hervorgerufen, sodass diese den physiognomischen Unterschied beider Wälder hauptsächlich bedingen. Eine Naturgeschichte des tropischen Urwalds wird sich daher in erster Linie mit diesen Anpassungen zu beschäftigen haben. Bei keiner der biologischen Pflanzengruppen oder Genossenschaften, in welche die Vegetation des Urwalds eingetheilt werden kann, ist der Einfluss des Kampfes ums Licht so ausgeprägt, wie bei den Epiphyten. Diese erscheinen daher besonders geeignet, uns in die Eigenthümlichkeiten der Vegetation des tropischen Urwaldes und die Existenzbedingungen in demselben einzuführen, die Entwickelung seiner Bestandtheile, die Ursachen seiner gegenwärtigen Physiognomie unserem Verständniss näher zu bringen. Es kommen zwar einige phanerogamischen Epiphyten im südlichen Theil des nordamerikanischen Waldgebiets vor. Dieselben sind aber im Gegensatz zu den Gewächsen, auf oder über welchen sie leben, sämmtlich tropische Colonisten und daher eher geeignet, die Kluft zwischen dem tropischen und dem nordamerikanischen Urwald zu vertiefen, als dieselbe auszufüllen.

Meine erste Bekanntschaft mit den Epiphyten rührt von einer nur zweiwöchentlichen Excursion nach Florida im Frühjahr **1881**. Später habe ich sie in Westindien und Venezuela (**1881, 1883**), zuletzt in Brasilien (**1885**) einem genaueren Studium unterworfen. Die auf meinen ersten Reisen gewonnenen Ergebnisse wurden **1884** im Botanischen Centralblatt (Bau und Lebensweise der Epiphyten Westindiens) veröffentlicht; ich hatte damals wesentlich die Anpassungen untersucht, durch welche die Epiphyten auf Baumästen Wasser und Mineralstoffe erhalten. Diese Fragen bilden wiederum einen Theil der vorliegenden Arbeit, wurden aber durch neue Beobachtungen wesentlich erweitert.

Wenn ich in dieser Arbeit eine relative Vollständigkeit erreichen konnte, so habe ich es vor Allem der vielseitigen Unterstützung durch Fachgenossen und Freunde zu verdanken. Ganz besonders möchte ich meinen Dank aussprechen dem früheren General-Forstinspektor in Britisch-Indien, Dr. D. BRANDIS, der mir aus seinen reichen Erfahrungen sehr wichtige Mittheilungen über das Vorkommen und die Lebensweise der Epiphyten in Ostindien machte und ausserdem mir sein grosses Herbarium und seine an sonst schwer zugänglichen Werken reiche Bibliothek zur freien Verfügung stellte; Frau Dr. BRANDIS hatte die Güte, mir das von ihr nach der Natur gemalte schöne Bild, welches auf unserer ersten Tafel reproducirt ist, zur Verfügung zu stellen. Sehr wesentliche Unterstützung erhielt ich auch von den Herren GAMBLE, Conservator of forests in Madras, der mir sehr werthvolle Mittheilungen über die Epiphyten Ostindiens machte, Prof. Dr. HIERONYMUS, der mich in liberalster Weise mit Büchern und Material unterstützte, Prof. Dr. GRAVIS, Prof. OLIVER und Prof. Dr. WITTMACK. Auch diesen Herren spreche ich hiermit meinen herzlichsten Dank aus.

I. Die systematische Zusammensetzung der Epiphytengenossenschaft in Amerika.

1. Ein einigermassen vollständiges Verzeichniss der Pflanzenarten, die in Amerika epiphytisch wachsen, kann zur Zeit nicht aufgestellt werden; dazu sind die Standortsangaben in Herbarien und Floren zu unvollständig. Um jedoch ein ungefähres Bild der systematischen Zusammensetzung der Epiphytengenossenschaft in Amerika zu geben, habe ich die Gattungen zusammengestellt, die nach meinen eigenen Beobachtungen oder Angaben in der Litteratur epiphytische Arten enthalten. Obwohl dieses Verzeichniss unzweifelhaft nicht ganz vollständig ist, dürfte es seinen Zweck erreichen, indem die Lücken wesentlich die Orchideen und andere Familien mit zahlreichen epiphytischen Vertretern, oder Formen von äusserst beschränkter Ausdehnung treffen werden.

Es schien mir von Interesse, das Verzeichniss nicht auf die amerikanischen Epiphyten zu beschränken, sondern die übrigen Welttheile mit zu berücksichtigen; letzteres geschah jedoch nicht für die Farne und Orchideen. Die nicht amerikanischen Epiphyten stehen zwischen Klammern; ihr Verzeichniss ist, trotz meiner Bemühungen, jedenfalls weit weniger vollständig geblieben als dasjenige der amerikanischen.

Pteridophyta.

Lycopodiaceae.

Lycopodium. — Trop. Am. (Ubiquit. Tropen.)

Psilotum. — Trop. Am., Florida. (Ubiquit. Trop.)

(Tmesipteris. — Austral., Neu-Seeland.)

Filices.

Ophioglossum. — Florida, Westindien.

Trichomanes. — Trop. u. temp. N.- u. S.-A.

Hymenophyllum. — Trop. u. temp. N.- u. S.-A.

Adiantum pumilum. — W.-Ind.

Taenitis. — Trop. Am.

Vittaria. — Trop. u. subtrop. N.- u. S.-Am.

Antrophyum. — Trop. Am.

Pleurogramme. — „ „

Stenochlaena. — „ „

Rhipidopteris. — „ „

Acrostichum. — „ „

Polybotrya. — „ „

Anetium. — „ „

Asplenium. — Trop. u. antarkt. Am.

Aspidium (incl. Nephrolepis). — Trop. Am.

Polypodium. — Trop. u. temp. N.- u. S.-Am.

Grammitis. — Trop. Am.

Xiphopteris. — „ „

Monocotyleae.

Liliaceae.

Luzuriaga. — Süd-Chile.

(Astelia. — Neu-Seeland)

Amaryllidaceae.

Hippeastrum (u. a. Gatt.?). — Brasil.

Bromeliaceae.[1]

Nidularium. — Trop. Am.

Rhodostachys. — Chile.

Billbergia. — Trop. Am.

Aechmea. — „ „

Ortgiesia. — „ „

Pothuava. — S.-Brasil.

Lamprococcus. — Trop. Am.

Chevaliera. — „ „

Echinostachys. — N.-Brasil.

Macrochordium. — Trop. Am.

Canistrum. — „ „

Brocchinia. — W.-Ind. (B. Plumieri.)

Sodiroa. — Columbien, Aequator.

Caraguata. — Columbien, W.-Ind.

Guzmannia. — Peru bis W.-Ind.

Tillandsia. — Trop. und subtrop. Am.

Vriesea. — „ „

Catopsis. — Trop. Am.

Cyclanthaceae.

Carludovica. — Trop. Am.

Araceae.

Philodendron. — Trop. Am.

(? Anadendrum. — Mal. Arch.)

(? Rhaphidophora. — Trop. As., Austr., Polynes., Afr.)

(Pothos. — Trop. O.-As.)

Anthurium. — Trop. Am.

Die Zahl der Epiphyten führenden Gattungen ist wahrscheinlich eine weit grössere; es lässt sich jedoch aus der Literatur nichts Bestimmtes darüber entnehmen und meine eigenen Beobachtungen erstrecken sich nur auf Philodendron und Anthurium.

Zingiberaceae.

Hedychium simile. — Java.

Orchidaceae.

I. Epidendreae.

Pleurothallis. — Trop. Am.

Stelis. — „ „

Physosiphon. — „ „

Lepanthes. — Anden.

Restrepia. — Trop. Am.

Masdevellia. — Trop. Am., vorw. v. Peru nach Mexico.

Arpophyllum. — Mexico u. C.-Am.

Octomeria. — Bras., Guiana, W.-Ind.

Meiracyllium. — Mex., C.-Am.

Bulbophyllum. — Trop. Am.

Coelia. — W.-Ind., Mex., C.-A.

Bletia. — Trop. Am.

Elleanthus. — Trop. Am.

Lanium. — Bras., Surinam.

Amblostoma. — Bras., Peru, Bol.

Seraphyta. — W.-Ind.

Diothonea. — And. Columb. u. Peru.

Stenoglossum. — Trop. And.

Hormidium. — Trop. Am.

Hexisea. — „ „

Scaphyglossis. — „ „

Hexadesmia. — „ „

Octedesmia. — W.-Ind.

Alamania. — Mexico.

Pleuranthus. — Trop.

Diacrium. — Gui., C.-Am., Mexico.

Isochilus. — Trop. Am.

Ponera. — Mex., C.-Am., O.-Bras.

Pinelia. — Brasilien.

Hartwegia. — Mex., C.-Am.

Epidendrum. — Trop. u. subtrop. Am.

Broughtonia. — W.-Ind.

Cattleya. — Trop. Am.

Laeliopsis. — W.-Ind.

Tetramicra. — Trop. Am.

Brassavola. — „ „

Laelia. — „ „

Schomburgkia. — „ „

Sophronitis. — Brasilien.

II. Vandeae.

Galeandra. — Trop. Am.

Polystachya. — „ „

Cyrtopodium. — „ „

Zygopetalum. — „ „

Grobya. — Brasil.

Cheiradenia. — Guiana.

Aganisia. — Trop. Am.

Acacallis. — Brasilien.

Eriopsis. — Nördl. S.-Am.

Lycomormium. — Columb., C.-Am.

Batemannia. — Guiana.

Bifrenaria. — Brasil., Col., Guiana.

Xylobium. — Trop. Am.

Lacaena. — C.-Am.

Lycaste. — Peru bis Mex. und W.-Ind.

Anguloa. — And. Peru, Columb.

Chondrorhyncha. — Columbien.

Gongora. — Trop. Am.

Coryanthes. — Trop. S.-Am.

Stanhopea. — Trop. Am.

Houlletia. — Bras., Columb.

Peristeria. — Anden Columb.

Acineta. — Col. bis Mex.

Catasetum. — Trop. Am.

Mormodes. — Columb. bis Mexico.

Cycnoches. — Guiana bis Mexico.

Chrysocycnis. — N.-Granada

Polycycnis. — Guiana, C.-Am.

Stenia. — Guiana, Columbien.

Schlimmia. — And. Columbien.

Clowesia. — Brasil.

Mormolyce. — Mexico.

Scuticaria. — Brasil., Guiana.

Maxillaria. — Trop. Am.

Camaridium. — Gui., Col., Peru.

Dichaea. — Trop. Am.

Ornithidium. — Trop. Am.

Cryptocentrum. — Ecuador.

Diadenia. — Para, Peru.

Comparettia. — Trop. And.

Scelochilus. — „ „

Trichocentrum. — Bras., C.-Am.

Rodriguezia. — „ „

Trichopilia. — Trop. Am.

Aspasia. — Bras., C.-Am.

Cochlioda. — And. S.-Am.

Dignathe. — Mexico.

Saundersia. — Brasil.

Brachtia. — Columbien.

Odontoglossum. — Trop. And.

Oncidium. — Trop. Am.

Miltonia. — Peru, Bras.

Brassia. — Trop. Am.

Solenidium. — And. Col.

Leiochilus. — C.-Am., Mexico, W.-Ind.

Erycina. — Mexico.

Gomeza. — Brasil.

Abola. — And. Columbien.

Neodryas. — Bol., Peru.

Ada. — Amnd. Columbien.

Sutrina. — Peru.

Trigonidium. — Bras., C.-Am.

Ornithidium. — Trop. Am.

Jonopsis. — „ „

Cryptarrhena. — C.-Am., Guiana.

Ornithocephalus. — Trop. Am.

Zygostates. — Brasil.

Phymatidium. — Brasil.

Chytroglossa. — Brasil.

Hofmeisterella. — And. Ecuador.

Lockhartia. — Trop. Am.

Pachyphyllum. — And. S.-Am.

Dendrophylax. — W.·Ind.

Campylocentron. — Trop. Am.

Cirrhaea. — Trop. Am.

Telipogon. — And. Columb., Peru.

Trichoceros. — Columb., Peru.

III. Neottieae.

? Vanilla. — Trop. Am.

Stenoptera. — Bras., W.-Ind.

IV. Cypripedieae.

Cypripedium. — Brasil. (Ob anderswo epiph.?)

Dicotyleae.

Urticaceae.

Ficus. — Trop. Am. (Ubiq. Trop.)

Coussapoa. — Trop. S-Am.

(Procris. — Trop. As., Afr., Polynes.)

Piperaceae.

Peperomia. — Trop. u. subtrop. Am. (Ubiq. Trop. u. subtrop.)

Wahrsch. auch Arten von Piper in Ostindien.

Clusiaceae.

Clusia. — Trop. Am., Florida.

Renggeria. — Trop. Am.

Wohl auch die weniger verbreiteten Arten der Gattungen Rengifa, Havetia, Pilosperma, Havetiopsis etc.

Bombaceae.

Ceiba Rivieri. — Süd-Brasil.

Celastraceae.

(Evonymus echinatus. — Himalaya.)

Aquifoliaceae.

(Ilex spicata. — Himalaya.)

Araliaceae.

Sciadophyllum. — Trop. Am.

(Wahrscheinlich Pentapanax und Heptapleurum in Ostind.)

Cornaceae.

? Griselinia. — Süd-Chile.

Saxifragaceae.

(Ribes glaciale. — Himalaya.)

Cactaceae.

Phyllocactus. — Trop. Am.

Epiphyllum. — Brasilien.

Rhipsalis. — Trop. u. subtrop. Am. (S.-Afr., Mauritius, Ceylon.)

Cereus. — Trop. u. subtrop. Am.

Melastomaceae.

Adelobotrys. — Brasil.

(Kendrickia. — Ceylon.)

(Dicellandra. — Fernando Po.)

(Pogonanthera. — Ind. Arch.)

(Medinilla. — Ubiq. Trop., Ost-Hem.)

(Pachycentria. — Mal. Arch.)

Clidemia. — Brasil.

Pleiochiton. — „

Blakea. — W.-Ind.

? Topobea. — Peru, Guiana, Mex. etc.

Onagraceae.

Fuchsia minimiflora. — S.-Mexico.

Rosaceae.

(Pyrus rhamnoides. — O.-Himalaya.)

Ericaceae.

Vaccinieae.

Psammisia. — Anden, Venez., Guiana.

Findlaya. — Trinidad.

Ceratostemma. — And. S.-Am.

(Agapetes. — O.-Ind., Mal. Penins., Fiji.)

(Pentapterygium. — Himalaya.)

(Rijiolepis. — Borneo.)

(Vaccinium sect. Epigynium. — Gebirge Trop. O.-As.)

(Corallobotrys. — Himalaya.)

Sphyrospermum. — Trop. And., Guiana.

Sophoclesia. — And. S.-Am., Guiana, Trinidad.

Rhodoreae.

Gaultheria. — Epiph. in Am.? (O.-Ind. etc.)

(Diplycosia. — Malacca, Ind. Arch.)

(Rhododendron. — O.-Ind., Mal. Arch.)

Myrsinaceae.

Grammadenia parasitica. — West-Indien.

(Embelia. — Dekkan.)

Cybianthus costaricanus. — Costa-Rica.

Loganiaceae.

(Fagraea. — O.-Ind., Trop. Austr. etc.)

Asclepiadaceae.

(Collyris. — Mal. Arch.)

(Hoya. — Trop. O.-As. u. Austr.)

(Dischidia. — O.-Ind., Mal. Arch., Trop. Austr.)

Solanaceae.

Markea. — Trop. Am.

Juanulloa. — Peru, Columb., C.-Am.

Dyssochroma. — Brasil.

Solandra. — W.-Ind. (Ob anderwärts epiph.?)

(Solanum. — O.-Ind. nach Grisebach.)

Scrophulariaceae

(Wightia gigantea. — Himal. or.)

Lentibulariaceae.

Utricularia. — Trop. Am.

Gesneraceae.

Gesnera. — Brasilien.

Episcia. — „

Drymonia. — Trop. Am.

Alloplectus. — „ „

Columnea. — „ „

Nematanthus. — Brasilien.

Hypocyrta. — Brasil., Costa-Rica.

Codonanthe. — Brasil., Guiana.

Asteranthera. — S.-Chile.

(Fieldia. — Austral. extratrop.)

Mitraria. — Süd-Chile.

Sarmienta. — „

(Aeschynanthus. — Trop. O.-As.)

(Dichrotrichium. — Khasyan, Mal. Arch.)

(Agalmyla. — Java.)

(Lysionotus. — Himalaya, China.)

Bignoniaceae.

Schlegelia. — Trop. Am.

Verbenaceae.

(Premna. — O.-Ind.)

Rubiaceae.

(Hymenopogon. — O.-Ind.)

Hillia. — Trop. Am.

Ravnia. — Costa-Rica.

Cosmibuena. — Trop. Am.

Schradera. — „ „

(Acranthera tomentosa. — Bengal.)

(Leucocodon. — Ceylon.)

Xerococcus. — Costa-Rica.

Ophryococcus. — „

(Randia. — O.-Ind.)

(Proscephalium. — O.-Ind., Java.)

Psychotria. — (P. parasitica in W-Ind., ob and. Arten epiph.?)

(Hydnophytum. — Mal. Arch., Trop. Austr., Fiji.)

(Myrmecodia. — Mal. Arch., Trop. Austr.)

Compositae.

Senecio parasiticus. — Mexico.

Als erstes allgemeines Ergebniss dieses Verzeichnisses können wir den Satz aufstellen, dass **die Zahl der in der Epiphytengenossenschaft vertretenen Familien eine geringe ist, dass mehrere derselben aber im Verhältniss zu ihrem Umfange eine auffallend grosse Zahl epiphytischer Arten führen**, so die Farne, Orchideen, Bromeliaceen, Araceen, Gesneraceen und Vacciniaceen. Mehrere der grössten Familien des tropischen Amerika entbehren epiphytischer Arten gänzlich, so die Gräser, Palmen, Euphorbiaceen, Rutaceen, Lauraceen, Leguminosen etc.

Als zweites bemerkenswerthes Ergebniss unserer Liste ist die **grosse systematische Uebereinstimmung der Epiphytengenossenschaft in der alten und der neuen Welt**, abgesehen natürlich von solchen Familien, die auf die letztere ganz beschränkt sind (Bromeliaceen, Mangroviaceen).

2. Manche scharf ausgeprägte Pflanzengenossenschaften, z. B. diejenigen der Wasserpflanzen, der Strandpflanzen, der Mangrovepflanzen, verhalten sich denjenigen der Epiphyten insofern ganz analog, als sie sich ebenfalls hauptsächlich aus bestimmten Familien recrutiren. Es braucht nur an die Potameen und Nymphacaceen, die Combretaceen und Rhizophoreen, die Plumbagineen, Cruciferen und Salsolaceen erinnert zu werden. **Während uns aber in diesen Fällen die Ursache der Bevorzugung gewisser Familien, des gänzlichen Fehlens anderer ganz unbekannt ist, können wir die systematische Zusammensetzung der Epiphytengenossenschaft, theilweise wenigstens, auf ihre Factoren zurückführen.**

Die erste Bedingung, damit eine Pflanze der epiphytischen Genossenschaft gehören könne, ist, dass ihre Samen zur Verbreitung auf Baumästen geeignet seien, was bekanntlich durchaus nicht von allen Samen gilt; ausserdem müssen sie an dem Substrat hängen bleiben und auf demselben die zur Keimung nöthige Wassermenge finden, – zwei Bedingungen, die die Zahl der tauglichen Samenarten wiederum sehr herabmindern.

Die Samen epiphytischer Gewächse lassen sich in drei biologische Categorien eintheilen, die alle drei den eben erwähnten Hauptbedingnngen vollkommen entsprechen.

Die **erste Categorie** umfasst diejenigen Samen, welche von einer saftigen Hülle umgeben sind und daher von Vögeln, Affen und sonstigen baumbewohnenden Thieren verbreitet werden; derartige Samen finden, falls sie nicht zu gross sind, in den Excrementen einen genügenden Kitt und sind gleichzeitig gegen das Austrocknen geschützt. Derartige Samen sind unter den Epiphyten ausserordentlich verbreitet. Sie finden sich bei den epiphytischen **Araceen**, **Liliaceen** (Astelia, Luzuriaga.), **Cyclanthaceen**, **Bromeliaceen** e. p., **Zingiberaceen** (Arillus bei Hedychium), **Melastomaceen** e. p. (Dicellandra, Medinilla, Pogonanthera, Pachycentria, Blakea etc.), **Gesneraceen** e. p. (Episcia, Columnea, Drymonia, Alloplectus, Hypocyrta, Codonanthe, Fieldia, Mitraria, Sarmienta), **Bignoniaceen** (Schlegelia), **Vaccinieen**, **Onagraceen** (Fuchsia), **Aquifoliaceen**, **Cornaceen**, **Myrsineen**, **Cactaceen**, **Clusiaceen**, **Araliaceen**, **Solanaceen**, **Verbenaceen** (Premna), **Rubiaceen** e. p. (Proscephalium, Psychotria parasit., Hydnophytum, Ophryococcus, Schradera, Leucocodon, Xerococcus, Acranthera, Randia), **Rosaceen** (Pyrus sect. Sorbus),

Saxifragaceen (Ribes), **Celastraceen** (Evonymus mit Arillus), **Urticaceen**, **Piperaceen**, **Marcgraviaceen**, **Loganiaceen**, **Begoniaceen** (afrikan. Arten).

Der **zweiten Categorie** rechne ich die Samen (und Sporen) zu, die so überaus leicht sind, dass sie von dem leisesten Luftzug fortgetragen werden, und so klein, dass sie in die Risse der Rinde und in die Moospolster dringen; sie bedürfen daher keiner besonderen Flug- und Haftapparate und finden leicht die zu ihrer Keimung nöthige geringe Feuchtigkeitsmenge (**Farne**, **Orchideen**).

Die **dritte Categorie** umfasst diejenigen Samen, die, obwohl ebenfalls sehr klein und leicht, doch etwas schwerer und grösser sind als in der zweiten Categorie, und einen Flug- und Haftapparat besitzen. Während bei Bodenpflanzen der Flug- und Haftapparat sehr verschiedenartig ist, lässt sich derjenige der epiphytischen Gewächse auf zwei Typen zurückführen; derselbe besteht nämlich entweder aus langen, meist sehr weichen Haaren, oder aus einem schmalen, an beiden Enden oder nur an einem Ende in einen spitzen Fortsatz sich fortsetzenden Flügel. Den ersteren Fall finden wir bei manchen **Gesneraceen** (Aeschynanthus (Taf. 6, Fig. 3), Dichrotrichium, Agalmyla, Lysionotus), **Rubiaceen** (Hillia (Taf. 6, Fig. 7)), den **Asclepiadaceen** (Taf. 6, Fig. 5. u. 6), **Bombaceen**, **Compositen** (Senecio parasiticus) und namentlich bei den **Tillandsieen** (Taf. 6, Fig. 8 u. 9); die zweite Art der Ausbildung zeigt sich bei gewissen **Rubiaceen** (Hymenopogon (Taf. 6, Fig. 1), Cosmibuena (Fig. 2)), den **Rhododendreen** (Taf. 6, Fig. 4) und der **Scrophulariacee** Wightia.

Die Samen dieser Categorie sind, wie erwähnt, alle sehr leicht, ohne jedoch ein so geringes Gewicht, wie diejenigen epiphytischer Orchideen, zu besitzen. So beträgt das Gewicht eines Samens von Rhododendron verticillatum 0,000028 Gr., eines solchen von Aeschynanthus 0,00002, eines solchen von Dendrobium aber nur 0,000005652, und die Gewichte der Samen des genannten Rhododendron und von Aeschynanthus werden von denjenigen anderer Arten dieser Categorie übertroffen.

Eine andere Eigenthümlichkeit dieser Samen ist, dass sie verschmälert sind, wodurch sie offenbar leicht in enge Spalten und Interstitien gelangen.

Man würde kaum glauben, dass die auf Taf. 6 dargestellten Samen, Pflanzen zu den verschiedensten Familien gehören, und doch könnte die Zusammenstellung weit vollständiger sein, ohne ihren gleichartigen Charakter zu stören.

Ueber die Samen einiger wenigen Epiphyten habe ich nichts Bestimmtes erfahren können (Echeveria, Sedum, Amaryllidee aus St. Catharina, Utricularia).

Es geht aus dem Vorhergehenden hervor, dass Samen, die weder in fleischigen Früchten enthalten sind noch staubartige Dimensionen besitzen, wie bei den Orchideen und Farnen, eine ganz bestimmte Structur haben müssen, um unter den Existenzbedingungen auf Baumästen sich weiter entwickeln zu können.

In den eben erwähnten Eigenschaften der Samen epiphytischer Gewächse haben wir, in der grossen Mehrzahl der Fälle wenigstens, **nicht eine Anpassung an atmosphärische Lebensweise, sondern vielmehr eine präexistirende Eigenschaft, durch welche letztere erst ermöglicht wurde, zu erblicken**; wir finden in der That ganz ähnliche Samen, bezw. Früchte, wie diejenigen der Epiphyten, bei verwandten Formen wieder, die theils aus klimatischen, theils aus anderen Ursachen durchaus an terrestrische Lebensweise gebunden geblieben sind.

Nachdem das Vorhergehende schon längst geschrieben war, habe ich eine prägnante Illustration der Richtigkeit des eben aufgestellten Satzes kennen gelernt. Die öffentlichen Promenaden in und bei Algier sind vielfach mit Dattelbäumen bepflanzt, deren abgestorbene Blattbasen einige Zeit unter der grünen Krone persistiren und Staub und Feuchtigkeit so reichlich aufsammeln, dass sie beinahe stets Pflanzen ernähren, welche ebenso üppig wie auf dem Boden gedeihen. **Diese Pflanzen sind sämmtlich solche, deren Samen durch aufsteigende Luftströme leicht in die Höhe gelangen können**, – vorherrschend ist Sonchus oleraceus, den man in der Stadt umsonst auf dem Boden suchen würde, während er auf der Place de la République und hinter der Place de la Gouvernement, nach dem Lyceum zu, in üppigen Exemplaren nahezu auf jeder Palme wächst; daneben zeigen sich zuweilen andere Cichoriaceen (Crepis-Arten). Ausser den erwähnten Pflanzen habe ich an den genannten Standorten, aber nur in vereinzelten Exemplaren, Hyoscyamus niger, Plantago major und Linaria cymbalaria beobachtet, deren Samen zwar der den Cichoriaceen zukommenden Flugapparate entbehren, aber so winzige Dimensionen besitzen, dass es wohl begreiflich ist, wie der in Algier so häufig mächtige Staubsäulen aufwirbelnde Wind sie in die Höhe treiben konnte. Zuweilen, so z. B. im Jardin d'essai bei Algier, sieht man Dattelstämme, die bis zur Basis beschuppt geblieben sind, – in diesem Falle findet man an der Basis der unteren Blattüberreste die verschiedenartigsten Gewächse, die nur der Bau ihrer Samen hindert, höher zu gelangen.

Eigentliche Epiphyten fehlen in Nord-Afrika, aus später zu besprechenden klimatischen Gründen, gänzlich, und in seiner Heimath, der Sahara, geht dem

Dattelbaum jeder Epiphyt gänzlich ab. Da der Baum an der Küste nur angepflanzt ist, konnten sich dort noch keine Pflanzen speciell an die Lebensweise in seinen Blattbasen anpassen, während in tropischen Ländern, wie wir später sehen werden, gewisse Pflanzen beinahe nur auf solchen schuppigen Palmenstämmen vorkommen. So gewähren uns die Dattelbäume von Algier, in sehr kleinem Maassstabe, das Bild der ersten Entstehung einer epiphytischen Flora; wir begreifen, dass dieselbe sich keineswegs aus beliebigen Elementen recrutiren konnte, sondern dass ein bestimmter Bau des Samens oder der Frucht dazu erforderlich war.

Wir begreifen nun auch das Fehlen ganzer Familien in der Epiphytengenossenschaft, z. B. dasjenige der Leguminosen und Euphorbiaceen, deren stets relativ grosse Samen der Flugapparate entbehren und nur selten mit fleischigen Hüllen versehen sind, dasjenige der Acanthaceen im Gegensatz zu den ihnen verwandten Gesneraceen, die in so hohem Grade zum Epiphytismus neigen, aber auch mit dazu so geeigneten Früchten bzw. Samen ausgerüstet sind; wir verstehen, warum unter den Liliaceen nur die Astelieen und Smilaceen epiphytische Lebensweise annehmen konnten etc. Ebenso ist es uns wohl begreiflich, warum im Gegentheil die Farne, Araceen, Orchideen, Bromeliaceen, Cactaceen, Vaccinieen der epiphytischen Vegetation ein so mächtiges Contingent geliefert haben; bei denselben haben die Früchte oder Samen stets, auch wo die Lebensweise rein terrestrisch, die zum Uebergang zur epiphytischen Lebensweise nöthigen Eigenschaften.

Innerhalb der Familien mit sehr verschiedenartigen Samen oder Früchten zeigen sich die Epiphyten auf die Gruppen mit Gattungen beschränkt, wo die genannten Organe den Anforderungen epiphytischer Lebensweise entsprechen, ohne dass dabei von einer **Anpassung** an die letztere die Rede sein könne; so z. B. bei den Rubiaceen, Urticaceen, Melastomaceen, Solanaceen, Gesneraceen etc. Unter den Lycopodiaceen sind nur die isosporen Gattungen in der Epiphytengenossenschaft vertreten, diese aber sehr reichlich; die theilweise doch so genügsamen Selaginellen blieben wegen des Gewichts ihrer Macrosporen und der Wassermenge, die zu den Befruchtungsvorgängen nöthig ist, nothwendig von derselben ausgeschlossen; aus ähnlichen Gründen sind die Verbreitungsbezirke der Arten bei der Gattung Selaginella, im Vergleich zu denjenigen der isosporen Lycopodiaceen, sehr klein.

Familien, die nur ganz vereinzelte Typen enthalten, deren Samenbau für epiphytische Lebensweise geeignet ist, sind, wenn überhaupt, nur sehr schwach in der Genossenschaft der Epiphyten vertreten. So besitzen die Bignoniaceen meist Kapselfrüchte mit breitgeflügelten Samen, die Gattung Schlegelia aber Beeren; letztere allein besitzt epiphytische Arten. Die Loganiaceen besitzen sehr häufig fleischige Früchte; dieselben sind aber stets mit sehr grossen Samen versehen, ausgenommen Fagraea, deren Arten häufig als Epiphyten wachsen. Die Gattung Begonia hat meist trockene Früchte; letztere sind aber bei einigen afrikanischen Arten, die epiphytisch wachsen, mehr oder weniger fleischig und saftig. Andererseits besitzt die sonst wesentlich aus Epiphyten bestehende Familie der Bromeliaceen einige Gattungen (Dyckia, Puya, Hechtia), deren Samen wohl mit Flugapparat versehen, aber der Haftvorrichtungen entbehren; diese Typen sind daher der rein terrestrischen Lebensweise treu geblieben.

Der Bau der Früchte bezw. Samen ist es jedenfalls gewesen, der in erster Reihe für die Möglichkeit, epiphytische Lebensweise zu führen, entschieden, den Ausschluss bezw. die Beverzugung gewisser Gruppen bestimmt, **somit den systematischen Charakter der epiphytischen Genossenschaft hauptsächlich bedingt hat**. Wir können damit jedoch nicht alle Eigenthümlichkeiten der letzteren erklären; es fällt uns auf, dass gewisse Familien oder Gruppen, deren Samen doch z. Thl. mit den nöthigen Requisiten versehen zu sein scheinen, keine oder doch nur wenige Arten enthalten, die epiphytische Lebensweise, auch nur zufällig, führen würden, so die Gramineen, die keine einzige, die Compositen, die nur eine epiphytische Art enthalten.

Die Factoren, welche neben den Eigenschaften der Früchte und Samen die systematische Zusammensetzung der Epiphytengenossenschaft beeinflusst haben, können, theilweise wenigstens, vermuthet werden. So kann es keinem Zweifel unterliegen, dass die vegetative Organisation für die Befähigung einer Pflanze, auf Baumrinde zu gedeihen, von ganz wesentlicher Bedeutung ist. Während wir aber keinen Einfluss der epiphytischen Lebensweise auf Früchte und Samen zu erkennen vermochten, sind durch dieselbe Sprosse und Wurzeln in vielen Fallen nachweisbar so modificirt worden, dass wir in der Regel nicht im Stande sind, das Bild der bodenbewohnenden Stammpflanze in ihren vegetativen Theilen zu reconstruiren. Diese Frage wird erst in dem nächsten, den Anpassungen an epiphytisehe Lebensweise gewidmeten Kapitel des Näheren discutirt werden. Es ist mir übrigens nicht wahrscheinlich, dass die systematische Zusammensetzung der Epiphytengenossenschaft durch die Eigenschaften der vegetativen Organe **wesentlich** beeinflusst worden sei.

Eine grössere Wichtigkeit in letzterer Hinsicht ist wohl dem Umstande zu schenken, dass, wie nachher des Näheren gezeigt werden soll, sämmtliche Epiphyten, auch solche, die in Savannen vorkommen, aus Pflanzen des dichten Urwalds hervorgegangen sind. Dieses dürfte das Fehlen oder starke Zurücktreten in der Epiphytengenossenschaft gewisser sehr fermenreicher Familien mit anscheinend theilweise geeigneten Samen erklären, so der Gräser und Compositen, die, wenn auch im Walde nicht fehlend, doch hauptsächlich Bewohner der Savannen und offener Standorte überhaupt sind.

So wünschenswerth es erscheint, sämmtliche Factoren, welche die systematische Zusammensetzung der Epiphytengenossenschaft beeinflusst haben, kennen zu lernen, so können wir doch mit Sicherheit behaupten, dass dieselbe in ihren hauptsächlichen Zügen durch die Eigenschaften der Früchte und Samen bedingt worden ist.

II.
Die Anpassungen der Epiphyten an den Standort.

I. Allgemeines.

1. Wie überhaupt jede an eine bestimmte Lebensweise gebundene Pflanzengenossenschaft, besitzt auch diejenige der Epiphyten eine von ihrer systematischen Zusammensetzung unabhängige Physiognomie, in welcher ihre Existenzbedingungen zum Ausdrucke kommen. Die charakteristischen Züge derselben sind jedoch nicht sämmtlich als Anpassungen an den Standort aufzufassen; manche Eigenthümlichkeit der Epiphytengenossenschaft ist nicht im Kampfe gegen die ungünstigen Existenzbedingungen auf Baumrinde oder gegen die trotzdem zahlreichen Mitbewerber um dieselbe entstanden, sondern verdankt ihren Ursprung dem Umstande, dass der Uebergang aus der terrestrischen zur epiphytischen Lebensweise nur bei Anwesenheit bestimmter Eigenschaften möglich war. Sollte unser Klima wesentlich feuchter werden, so würden, wie aus dem letzten Kapitel dieser Arbeit hervorgeht, eine Anzahl Bürger unserer Flora, die bisher streng terrestrisch waren, sich der Lebensweise auf Bäumen anbequemen, oder, wenigstens zunächst, ihre Organisation zu ändern und ohne aufhören zu müssen, auch auf dem Boden zu wachsen (z. B. Polypod. vulgare, Hedera). Die in dieser Weise entstandene epiphytische Vegetation würde keineswegs aus beliebig zusammengewürfelten Elementen bestehen, sondern, wenn auch in sehr wenig ausgeprägtem Grade, bereits gewisse der charakteristischen Züge der Physiognomie der typischen Epiphytengenossenschaft besitzen.

Ich zweifle nicht, dass in den Tropen eine Anzahl Gewächse, die sowohl auf Bäumen, wie auf dem Boden wachsen, der epiphytischen Lebensweise ebensowenig **angepasst** seien, als unsere in Folge der klimatischen Verhältnisse nur terrestrisch lebenden Pflanzen, und dennoch besitzen diese mehr zufälligen Glieder der Genossenschaft meist einigermaassen die epiphytische »Tracht«. **Aus derartigen Elementen, die, auf dem Boden wachsend, zufällig und zu ganz anderen Zwecken die zur Lebensweise auf Bäumen unbedingt nothwendigen Eigenschaften besassen, ist, dank den klimatischen Bedingungen, die epiphytische Vegetation des tropischen Amerika hervorgegangen; indem vielen dieser Pflanzen später nur ihre Fähigkeit, epiphytisch zu leben, das Bestehen im Kampfe ums Dasein sicherte, entwickelten sich, durch fernere Ausbildung der bereits vorhandenen günstigen Eigenschaften, im geringeren Maasse auch durch das Auftreten ganz neuer, die**

einseitigen Anpassungen, die der Genossenschaft der Epiphyten ihre scharf ausgeprägte Physiognomie verleihen.

Wir finden begreiflicherweise jetzt noch unter den Epiphyten alle möglichen Stufen zwischen gar nicht und im höchsten Grade an Lebensweise auf Bäumen angepassten Arten, und die Entscheidung, ob eine bestimmte, günstige Eigenschaft als Anpassung aufgetreten oder vielmehr die Ursache des Uebergangs zum Epiphytismus gewesen, ist in manchen Fällen schwer oder unmöglich. Wir werden jedoch für die wichtigsten Typen versuchen, die Grenze zwischen dem ursprünglich vorhandenen und dem nachträglich entstandenen ungefähr zu ziehen.

Es muss aber gleich betont werden, dass ähnlich, wie die Baumrinde, auch die Oberfläche von Felsen, wie sie bei uns nur Flechten und Moose trägt, im tropischen Urwald mit phanerogamischen und farnartigen Gewächsen bedeckt ist, die, den sehr ähnlichen Existenzbedingungen entsprechend, zum grossen Theile mit denjenigen, die auf den Bäumen wachsen, identisch sind. Man kann in sehr vielen Fällen eine zur epiphytischen Lebensweise geeignete Vorrichtung ebensogut als Anpassung an Lebensweise an Felswänden auffassen. Dass man jedoch die Genossenschaft der Felspflanzen und diejenige der Epiphyten nicht vereinigen darf, werde ich im nächsten Kapitel zeigen. In diesem werde ich vielfach, der Kürze halber, von Anpassungen an epiphytische Lebensweise sprechen, auch wo dieselben ebensogut für diejenige an der Oberfläche von Felsen entstanden sein könnten. Thatsächlich werden beide Standorte viele Pflanzen gleichzeitig, in gleichem Sinne, beeinflusst haben; dass der Einfluss der epiphytischen Lebensweise jedoch höchst wahrscheinlich bei weitem der grössere gewesen, wird später gezeigt werden.

2. Zu den Eigenthümlichkeiten der Epiphytengenossenschaft, die nicht zu den Anpassungen an atmosphärische Lebensweise zu rechnen sind, gehören die vorhin besprochenen Eigenschaften ihrer Früchte und Samen, die zwar, einzeln betrachtet, denjenigen einzelner terrestrischer Gewächse ganz analog sind, in ihrer Gesammtheit aber einen sehr charakteristischen Zug darstellen, an welchem, wenn auch nicht als Anpassung, die Eigenschaften des Standorts in deutlicher Weise zum Ausdruck kommen. Ueberhaupt scheinen die im Dienste der geschlechtlichen Reproduction stehenden Organe und Vorgänge durch epiphytische Lebensweise nicht beeinflusst worden zu sein, vielleicht mit Ausnahme der Keimung, die in dieser Hinsicht einer besonderen Untersuchung werth wäre.

Kaum anders, als mit der geschlechtlichen, verhält es sich mit der vegetativen Reproduction, die bei den Epiphyten im Ganzen eine weit grössere Rolle spielt, als bei Bodenpflanzen, was wohl mit der grösseren Unsicherheit der Vermehrung durch Samen und Sporen zusammenhängt. Ausser der auch sonst verbreiteten Vermehrung durch Stolonenbildung[3], oder dadurch, dass die Nebenäste eines Sprosssystems durch Absterben des Hauptsprosses selbständig werden[4], gibt es doch wenigstens einen Fall vegetativer Reproduction, der nur bei epiphytischer Lebensweise möglich ist. Die von Baumästen herunterhängenden langen Schweife der Tillandsia usneoides (Taf. 2) werden nämlich durch starken Wind oft derart zerfetzt, dass ihre Fragmente den Boden bedecken, wo sie zu Grunde gehen; theilweise jedoch fallen die abgerissenen Zweige auf andere Baumäste, wo sie sich ungestört weiter entwickeln. Bei der Leichtigkeit der kleineren Zweige dieser Pflanze, dem Widerstand, den ihre zahlreichen flügelartigen Haare der Luft bieten, werden sie gewiss manchmal in dieser Weise auf grosse Entfernungen getragen. Letzteres geschieht jedoch in weit höherem Grade durch Vermittelung von Vögeln, die die Tillandsiasprosse als Nestbaumaterial in ausgedehnter Weise verwenden, ohne dass die Pflanze in ihrer Fortentwickelung gestört werde. Solche lebende Vogelnester habe ich massenhaft in Venezuela gesehen, wo sie, in Form langhalsiger Flaschen von dem Arendajo genannten Spottvogel hergestellt, oft in Colonien von hundert und mehr von hohen Baumästen herabhängen. Ganz ähnlich verhalten sich die Vögel und die Tillandsia in Argentinien (HIERONYMUS 4) und, wie mir Herr AUG. MÜLLER mittheilte, in Sta. Catharina. Im Laufe der Zeit verwandelt sich manches dieser Vogelnester in einen Tillandsiaschweif, der sich von anderen in nichts unterscheidet. Wie ergiebig die vegetative Vermehrung der Tillandsia usneoides sein muss, geht daraus hervor, dass diese Pflanze, obwohl der gewöhnlichste und verbreitetste der phanerogamischen Epiphyten Amerikas, nur selten blüht und nur wenige Samen in ihren Früchten entwickelt. Ich habe auf meinen Reisen zwischen Virginien und Süd-Brasilien beinahe auf jeder Excursion Tillandsia usneoides, häufig wahre atmosphärische Wiesen bildend, gesehen, aber nie ein blühendes Exemplar, nur zwei oder drei Exemplare mit Früchten und eine einzige Keimpflanze (bei Caripe in Venezuela) gefunden, während die übrigen Tillandsien sich, im Gegensatz zu vielen anderen Epiphyten, sehr ausgiebig durch Samen vermehren, derart, dass beinahe ein jeder Baum, der eine Tillandsia- oder Vriesea-Art trägt, junge Pflanzen derselben in allen Entwickelungsstadien aufweist.

Einen eigenartigen Fall vegetativer Verbreitung stellt auch, nach EGGERS, Oncidium Lemonianum. »Never giving fruit, but propagating itself by producing young plants from buds in the axils of the sterile bracts below the flowers, which remain in connection with the parent plant, and thus often forming long colonies of plants from one tree to the other« (EGGERS, p. 114).

Es erscheint mir nicht unmöglich, dass eine solche vegetative Vermehrung von Baum zu Baum bei den Utricularien, die ich nie mit Samen gefunden, vielleicht auch bei Peperomia, eintrete.

Weit größer und allgemeiner ist der Einfluss der epiphytischen Lebensweise auf die Organe der Ernährung und Befestigung gewesen. Die Armuth des Standorts an wässerigen Nährstoffen ist es vorwiegend, die in der Physiognomie der Epiphytengenossenschaft zum Ausdruck kommt; in den verschiedensten Anpassungen scheinen die Mittel, dem Wassermangel zu entgehen, erschöpft worden zu sein. Theilweise sind die diesbezüglichen Vorrichtungen sehr primitiv und unvollkommen, theilweise jedoch derart, dass eine auf dem Gipfel eines Baumes an trockener Rinde befestigte Pflanze über ein reiches, üppige Entwickelung gestattendes Nährsubstrat verfügt.

Der Schutz des aufgenommenen Wassers gegen Verlust durch Transpiration spricht sich ebenfalls in der Organisation der grossen Mehrzahl der epiphytischen Gewächse aus.

Endlich haben auch die namentlich für grössere Pflanzen schwierigen Verhältnisse der Befestigung am Substrat ihren deutlichen Einfluss auf die Ausbildung der Epiphytengenossenschaft ausgeübt.

Die physiognomischen Eigenthümlichkeiten in den vegetativen Organen epiphytischer Gewächse lassen sie sämmtlich auf die eben erwähnten Eigenthümlichkeiten des Standorts, theilweise als Ursachen, theilweise als Wirkungen der epiphytischen Lebensweise auffassen. Es ist uns leicht begreiflich, warum die meisten Epiphyten im Verhältniss zu ihrer Höhe eine sn mächtige flächenartige Ausbreitung besitzen, sei es, dass ihre Sprosse auf der Rinde kriechen, wie bei vielen Farnen, Orchideen, Araceen, den meisten Peperomien, Gesneraceen, Utricularien etc., oder, dass sie im Verhältniss zu ihrer Grösse eine enorme Menge in Spalten und Löcher dringender Wurzeln entwickeln; wir begreifen ebenfalls, warum sie bei aufrechter (Clusia) oder (Orchideen z. B. Dichaea, Hexisea, Cactaceen, manche Gesneraceen, Psychotria parasitica) hängender Lebensweise häufig überall da Wurzeln treiben, wo sie mit einem Aste in Berührung kommen. Wir erkennen darin das Betreben, einerseits die Nährquellen des Substrate möglichst auszunutzen, andererseits sich an demselben möglichst festzuhalten; der letztere Gesichtspunkt ist, wie wir später sehen werden, in manchen Fällen (Araceen e. p., Cactaceen e. p., Clusia etc.) allein in Betracht zu ziehen, wahrend dem Bedürfnisse der Ernährung in anderen die grössere Wichtigkeit beizumessen sein dürfte (kleine Farne, Peperomien etc.).

Wir begeifen ferner, warum die Epiphyten so häufig fleischige oder lederige Blätter oder sonstige, später zu besprechende Schutzmittel gegen Transpiration besitzen. Letztere sind in der Epiphytengenossenschaft in grösster Mannigfaltigkeit vorhanden. Eines der bei Bodenpflanzen häufigsten dieser Schutzmittel, die Reduction der transpirirenden Oberfläche, ist jedoch meist schwach entwickelt; so fällt es namentlich auf, dass die sonst an trockenen Standorten möglichst gedrungenen, häufig kugeligen Sprosse der Cactaceen in der Epiphytengenossenschaft Blattgestalt annehmen (Phyllocactus, Epiphyllum , Rhipsalis e. p.) oder doch durch reichliche Verzweigung, bei geringer Dicke der Aeste, eine Vergrösserung ihrer transpirirenden Oberfläche zu erstreben scheinen (Rhips. Cassytha u. a. A.). Dieses ist darauf zurückzuführen, dass neben dem Schutz gegen Transpiration die Bedürfnisse der Assimilation als formbildende Factoren in Betracht kommen und bei den meist nur diffuses Licht erhaltenden Epiphyten einer Verminderung der Oberfläche entgegenwirken.

Die Anpassungen an epiphytische Lebensweise sind, obwohl sie alle auf die gleichen Ursachen zurückzuführen sind und Aehnliches erreichen, nicht überall gleichartig. Man muss vielmehr, welchen Gesichtspunkt man auch in den Vordergrund stellt, mehrere Gruppen unterscheiden, die, obwohl zum grössten Theil keineswegs aus systematisch verwandten Arten bestehend, doch sehr ähnliche Merkmale zusammenfassen würden. Von den Einflüssen, die sich der Physiognomie der Genossenschaft aufgeprägt haben, ist der Modus der Wasseraufnahme derjenige, der in der Lebensweise, in der Gestalt der Pflanze am auffallendsten und charakteristischsten zum Ausdrucke kommt, sodass nach demselben aufgestellte Categorien oder Gruppen am meisten habituell ähnliche Pflanzen vereinigen; wir haben uns daher für dieses Eintheilungsprinzip entschlossen.

Ein epiphytisch auf einer anderen Pflanze gekeimtes Gewächs kann auf vier verschiedene Wege in den Besitz der wässerigen Nährstoffe gelangen, nämlich 1) entweder indem es sich begnügt, die an der Oberfläche der Wirthpflanze befindlichen auszunutzen, oder 2) indem es Wurzeln bis in den Boden treibt, oder 3) indem es sich durch Aufsammeln abfallender Pflanzentheile, Thierexcremente und atmosphärischen Wassers ein Nahrsubstrat bildet, oder 4) indem es Saugorgane in die Gewebe der Wirthpflanze treibt. Die Pflanzen der vierten Categorie, die ächten Parasiten, sind, obwohl man sie der epiphytischen Genossenschaft vielleicht zurechnen könnte, in dieser Arbeit nicht berücksichtigt. Den drei anderen Nährsubstraten könnte man eine Eintheilung in drei Epiphytengruppen entgegenstellen; es erscheint mir jedoch rathsam, diejenigen, die sich ein Nährsubstrat aufsammeln, in solche, die dasselbe durch ihre Wurzeln, und solche, die es durch ihre Blätter ausnutzen, einzutheilen, also zwei Gruppen zu unterscheiden.

II. Erste Gruppe.

1. Manche, wenn auch relativ wenige Vertreter der ersten Gruppe weichen in ihrer Structur von den Pflanzen, die auf dem Boden am Fusse der Bäume wachsen, nicht wesentlich ab. So verhalten sich viele Farne, namentlich Hymenophyllaceen, Lycopodium-Arten, gewisse Anthurium-Arten, die zarten Orchideen der Gattung Stenoptera, sämmtlich Bewohner der dunstreichen unteren Region des Urwalds, wo sie nur auf der rissigen oder bemoosten Rinde alter Bäume, oder noch mehr auf der Wurzelhülle der Baumfarnstämme zu normaler Entwickelung gelangen.

In viel zahlreicheren Fällen kommt der Einfluss des Standorts in der Organisation der Epiphyten zum Vorschein, manchmal allerdings blos in Schutzmitteln einfachster Art gegen die Gefahren des Wassermangels, wie sie allgemein die Bewohner trockener Standorte charakterisiren. Häufig jedoch sind Vorrichtungen zur möglichsten Ausnutzung des Substrats vorhanden, die mit der atmosphärischen Lebensweise in engerem Zusammenhang stehen.

2. Der Schutz gegen Absterben durch Vertrocknen kann einfach darin bestehen, dass die Pflanze einen beträchtlichen Wasserverlust ohne Schaden ertragen kann. Hierher gehören in erster Linie viele Moose, Flechten und Algen (Chroolepus), welche bekanntlich bei lange dauernder Trockenheit in einen beinahe wasserfreien, ruhenden Zustand übergehen, aus welchem sie beim ersten Regentropfen wieder zu activem Leben erwachen. Unter den höheren Epiphyten, welche uns hier allein zu beschäftigen haben, sind es nur wenige, die auf solche Weise der Trockenheit widerstehen. Unzweifelhafte Fälle dieser Art haben wir aber an verschiedenen Farnen, so an den kleinen Polypodium-Arten, die überall, wo Epiphyten überhaupt vorkommen, an ganz offenen Standorten auf trockener Rinde wachsen. Besonders auffallend verhält sich das in Westindien und im südlichen Nordamerika weit verbreitete Polypodium incanum, welches, z. B. bei Port-of-Spain auf Trinidad, an den Baumstämmen der Alleen unter den glühenden Strahlen der Aequatorialsonne vollständig zusammenschrumpft, um bei Regenwetter alsbald seine Segmente wieder flach anszubreiten. Diese Pflanze sah ich eine mehrere Wochen lange, ganz regenlose Periode unbeschadet überdauern, wobei sie ebenso vertrocknete, wie unter gleichen Umständen Mouse oder Flechten. Aehnliches gilt auch, jedoch in weit geringerem Grade, von einem bei Blumenau häufigen Polypodium, wohl auch von P. serpens und vaccinifolium. Diese Pflanzen zeigen in anatomischer Hinsicht kaum irgend welche Schutzvorrichtungen.

Die Fähigkeit, bei trockenem Wetter zu verwelken und sogar zu vergilben, und in diesem Zustande längere Zeit, ohne abzusterben, zu verharren, ist auch, wie Herr Dr. BRANDIS mittheilte, bei den indischen Farnen Polypodium lineare, P. amoenum, Davallia pulchra und Trichomanes Filicula in hohem Grade entwickelt; sobald sich Regen einstellt, werden sie wieder turgescent und grün.

Grossen Wasserverlust, unter Annahme einer tiefrunzeligen Oberfläche, verträgt, ähnlich wie andere Cacteen, Rhipsalis Cassytha. Immerhin ist hier die Erscheinung weit weniger auffallend als bei genannten Farnen.

3. In der grossen Mehrzahl der Fälle besteht die Schutzeinrichtung gegen Austrocknen in der Anwesenheit von Wasserbehältern, die sich bei Regenwetter füllen und, sobald nöthig, zu Gunsten der zur Erhaltung der Pflanze wichtigen Organe entleert werden.

Sehr häufig speichern die Blätter selbst das Wasser auf, indem sie mit Wassergewebe, Speichertracheïden oder, selten, mit grossen, zu demselben Zwecke dienenden Intercellularräumen versehen sind.

Das Wassergewebe bildet bei vielen Epiphyten, ähnlich wie bei den meisten mit einem solchen versehenen Bodenpflanzen, eine zusammenhängende Schicht an der Oberseite, zwischen dem grünen Gewebe und der Epidermis; Fälle dieser Art bieten uns namentlich die Peperomien und Gesneraceen, welche, mehr nach Individuen als nach Arten, einen so mächtigen Bestandtheil der epiphytischen Vegetation an schattigen Standorten bilden.

Man nimmt wohl allgemein an, dass das Wassergewebe, gleichzeitig mit den übrigen Theilen des Blatts, seine definitive Ausbildung erreicht. Dieses mag in vielen Fällen zutreffen; bei den epiphytischen Peperomien und Gesneraceen aber, die ich zu untersuchen Gelegenheit hatte, **nimmt in alternden Blättern das Wassergewebe durch Streckung seiner Zellen ganz bedeutend an Mächtigkeit zu.** So betrug die Dicke der etwa 1–1½ cm breiten, runden, ovalen Blätter einer in Süd-Brasilien sehr verbreiteten Gesneracee (Codonanthe Devosii) in der Jugend und bei mittlerem Alter durchschnittlich 2½ mm, während dieselbe bei alternden, theilweise schon gelblichen Blättern durchschnittlich 5 mm erreichte; dieser enorme Unterschied kam allein auf Rechnung des Wassergewebes, indem die grüne Zelllage, welche nur einen Bruchtheil eines Millimeters dick ist, eine merkliche Zunahme nicht erfuhr. Ganz Aehnliches gilt auch von den übrigen beobachteten Gesneraceen und von den Peperomien.

Es lag der Gedanke nahe, dass die alternden, sehr wasserreichen Blätter **als Wasserreservoirs für die jüngeren, in voller Thätigkeit befindlichen dienen würden.** Bestätigt wurde diese Vermuthung durch folgendes Experiment. Lose, alte Blätter und ganze Zweige wurden an einer hellen Stelle in einem Zimmer unseres Hauses in Blumenau sich selbst überlassen. Nach vier Wochen **waren die abgetrennten Blätter noch lebendig und**

nur sehr wenig dünner geworden; die gleichalten Blätter an den Stengeln dagegen schon nach kurzer Zeit zusammengeschrumpft, sodass sie kaum noch 1 mm dick waren, und trockneten dann völlig ein, während die jungen Blätter zwar ebenfalls an Dicke abnahmen, aber bis zum Schluss des Experiments lebendig blieben; die Zweige fuhren währenddessen ununterbrochen zu wachsen fort. Auf eine ähnliche Rolle dürfen wir wohl auch für die vielen ähnlichen Fälle schliessen.

Sehr gewöhnlich ist bei anderen Epiphyten das Wasser nicht in den Blattspreiten, sondern in anderen Blatttheilen oder auch in anderem Pflanzenorganen aufgespeichert, aus welchen es den grünen Zellen bei eintretendem Bedürfniss zugeführt wird. Sehr einfache hierher gehörige Fälle liefern Gesnera-Arten, deren mächtige, auf der Baumrinde sich erhebende Knollen sowohl zur Aufspeicherung von Wasser, wie zu derjenigen von Stärke dienen, die grossen Zwiebeln der epiphytischen Amaryllideen und in Indien viele knolligen Rubiaceen, Vaccinieen und Melastomaceen.

Zu den einfach gebauten und wenig vollkommen angepassten Epiphyten gehören auch einige Utricularia-Arten, von welchen zwei, die mit prächtigen weißen Blüthen geschmückte, stattliche U. montana JACQ. und die winzige U. Schimperi SCHENCK, die bemooste Rinde alter Bäume auf den Bergen Dominicas vielfach überwuchern[5].

Beide Pflanzen sind, wohl wie sämmtliche Arten des Genus, wurzellose Gewächse mit zahlreichen, sehr langen Stolonen, die auf der Rinde kriechend, in Moospolstern oder sonstigen feuchten Stellen neue Sprosse erzeugen. In der Nähe der Basis der Inflorescenzorgane sind diese Stolonen zum grossen Theile zu spindelförmigen Knollen angeschwollen, die geformter Inhaltsbestandtheile ganz entbehren und schon von DARWIN, wohl mit Recht, als Wasserbehälter aufgefasst wurden; indessen entbehrt diese Annahme bis jetzt der experimentellen Begründung. Wie ihre europäischen Verwandten, sind die epiphytischen Utricularien an ihren Stolonen mit zahlreichen Blasen versehen, in welchen ich häufig in Zersetzung begriffene Würmer fand.

Eines unverdienten Rufes erfreut sich die brasilianische Utricularia nelumbifolia, welche, wenn die nach GARDNER verfasste Beschreibung GRISEBACH's (II, p. 407) richtig wäre, einen der wunderbarsten Fälle von Anpassung darstellen würde. »Hier« (d. h. an den Orgelbergen bei Rio), schreibt GRISEBACH, »haftet an den Felsen, 5000 Fuss über dem Meere, eine grosse Tillandsia, die nach der Weise dieser Bromeliaceen im Grunde ihrer Blattrosette eine Menge Wasser ansammelt. In diesen Behältern und nur hier allein schwimmt eine ansehnliche Wasserpflanze mit purpurfarbenen Blumen, deren kreisrundes Blatt mit dem der Seerose verglichen wird (Utricularia nelumbifolia). Sie pflanzt sich dadurch fort, dass sie Ausläufer, wie durch einen Instinkt getrieben, von einer Tillandsia zur anderen entsendet, die, ihren zufälligen Standorten folgend, sobald sie einen neuen Wasserbehälter erreicht haben, darin eintauchen und zu neuen Schösslingen sich entwickeln.« Diese Angaben stützen sich auf eine Stelle bei GARDNER, die zwar den richtigen Sachverhalt nicht enthält, aber weniger von demselben abweicht als in der Wiedergabe GRISEBACH's.

Die fragliche Stelle lautet im Original folgendermassen:

Like most of its congeners it is aquatic, but what is most curious, is that it is only to be found growing in the water which collects in the bottom of the leaves of a large Tillandsia, that inhabits abundantly an arid rocky part of the mountain, at an elevation of about 5000 feet above the level of the sea. Besides the ordinary method by seed, it propagates itself by runners, which it throws out from the base of the flower stem; this runner is always found directing itself towards the nearest Tillandsia, when it inserts its point into the water, and gives origin to a new plant, which in its turn, sends out another sheet; in this manner I have seen not less than six plants united.« (p. 528.)

Die Sache verhält sich, wie mir Herr GLAZIOU, der die Pflanze an Ort und Stelle beobachtet und derselben grössere Aufmerksamkeit geschenkt hat, mittheilte, in Wirklichkeit weit einfacher. Die Pflanze lebt auf feuchtem, moorigen Boden, wo sie, ähnlich wie U. montana, lange Stolonen bildet; gelangen letztere in die Blattrosetten etwaiger in ihrer Nahe auf Felsen wachsender Bromeliaceen, so erzeugen sie in dem daselbst angesammelten feuchten Humus blühende Sprosse, ganz ähnlich wie die Stolonen von U. montana in Moospolstern. U. nelumbifolia ist aber für ihre Existenz keineswegs an die Bromeliaceen gebunden, sondern gedeiht überall da, wo ihr ein feuchtes, humusreiches Substrat zur Verfügung steht.

Utricularia nelumbifolia verhält sich nach dem Gesagten ganz ähnlich wie U. Humboldtii[6], welche ihr Entdecker, B. SCHOMBURGK, in Guiana sowohl auf sumpfigen Boden, wie in den Blattrosetten von Tillandsia fand (l. c. p. 440).

4. Mannigfachere und vollkommenere Vorrichtungen zeigen uns die epiphytischen Orchideen und Araceen, bei welchen wir zwar auch Formen finden, die sich von Bodenpflanzen in keinem Merkmal wesentlich unterscheiden, während die complicirteren ausserhalb des Rahmens des ersten Typus gehören.

Sehr einfach gebaute Araceen, an deren Habitus die epiphytische Lebensweise kaum hatte errathen werden konnen, habe ich sowohl in Brasilien wie in Westindien gesehen, hier Anthurium dominicense, da mehrere nicht bestimmte, aber wohl in die Verwandtschaft von A. Harrisii gehörige Arten desselben Genus. Es sind Pflanzen von mittlerer Grösse, die nur auf bemooster oder sehr riesiger Rinde gedeihen, auch vielfach auf dem

Boden wachsen. Ihre unvollkommene Anpassung erlaubt ihnen nicht, wie anderen Epiphyten, mit mehr unwirthlichen Standorten vorlieb zu nehmen.

Zu einer starken Entwickelung des Wassergewebes kommt es bei den mir bekannten epiphytischen Aroideen nicht. Ein anderer höchst merkwürdiger Modus der Wasseraufspeicherung zeigte sich dagegen bei zwei Arten der Gattung Philodendron, von welcher ich eine, die auf Bäumen bei Blumenau vielfach vorkommt, als Philod. cannifolium[7] bestimmt habe.

Philodendron cannifolium ist vielleicht der grösste unter den mir bekannten Epiphyten der ersten Gruppe. Es stellt eine mächtige, bis 1 m hohe Rosette dar, deren kurzer und dicker Stamm durch zahlreiche, starke Wurzeln an den Aesten der Urwaldbäume befestigt ist. Die Blätter besitzen zungenförmige, von einem dicken Mittelnerv durchzogene Spreiten und **spindelförmig angeschwollene** Stiele. Die Wurzel und der Stamm bieten in ihrem inneren Bau nichts Bemerkenswerthes; dagegen war ich nicht wenig erstaunt, als ich bei der Untersuchung der Blätter fand, dass dieselben ein durch grosse **luftführende Intercellularräume bedingtes schwammiges Gefüge besitzen** (Taf. 3, Fig.1), wie es vielen Wasserpflanzen zukommt, bei einem Epiphyt aber gewiss nicht zu erwarten war. Meine erste genauere Bekanntschaft mit der Pflanze hatte bei trockener Witterung stattgefunden; als ich dieselbe ein anderes Mal bei Regenwetter untersuchte, **zeigten sich die grossen Intercellularen, bis auf kleine Luftblasen, von schleimigem Wasser gefüllt**. Die Pflanze hatte sich, einem ungeheuren Schwamme gleich, vollgesogen und besass dementsprechend auch ein auffallend grösseres Gewicht als bei Trockenwetter. Die aufsaugende Kraft beruht auf der Anwesenheit eines Schleimes in den Intercellularen, der bei Wassermangel die Wände nur als sehr dünne, kaum sichtbare Schicht überzieht.

Dass das im Blattstiel aufgespeicherte Wasser der Spreite zu Gute kommt, liess sich experimentell leicht feststellen. Mehrere Blätter wurden an ihrer Basis abgeschnitten und unversehrt gelassen, während bei anderen die Spreite vom Stiel getrennt wurde. Im Anfang des Versuchs (26. Oktober) waren überall Stiel und Mittelnerv prall mit Wasser gefüllt. Drei Tage später waren die stiellosen Spreiten bereits welk, ihr vorher wasserreicher, glatter Mittelnerv stark geschrumpft und seine Intercellularen beinahe wasserfrei. Dagegen waren die noch mit ihren Stielen versehenen Blätter, sowie die von der Spreite getrennten Stiele äusserlich ganz unverändert. Am 11. November musste, wegen bevorstehender Abreise, der Versuch abgeschlossen werden. Die Objekte waren straff und frisch, mit Ausnahme der stiellosen Spreiten, die beinahe vertrocknet waren. Das Aufschneiden der Stiele ergab, dass diejenigen, welche an Spreiten geblieben waren, sehr grosse Luftblasen enthielten, während in den losen Stielen solche wohl auch vorhanden, aber von viel geringeren Dimensionen waren. In dem einen Stiel fehlten die Luftblasen sogar ganz. Der Versuch stellte also die Bedeutung der Wasseraufspeicherung im Stiel für die Deckung der Transpiration über jeden Zweifel.

5. Auch die epiphytischen Orchideen zeigen meist Einrichtungen zum Aufsammeln des Wassers. Theils sind die Blätter mit einem mächtig entwickelten und oft sehr eigenartigen wasserspeichernden Gewebe versehen, theils findet die Aufspeicherung des Wassers in den Scheinknollen statt, während die Blätter selbst dünn bleiben und ein specifisches Wassergewebe entweder ganz entbehren oder nur schwach entwickelt besitzen. Demnach besitzen Orchideen mit Scheinknollen meist dünne Blätter, z. B. Arten von Maxillaria, Catasetum, Oncidium z. Th., Epidendrum z. Th., Arten ohne Scheinknollen hingegen meist dicke Blätter, z. B. Pleurothallideen, Oncidium z. Th., Epidendrum z. Th., Ornithocephalus etc. Mittelformen mit mässig dicken Blättern und schwacher Scheinknollenbildung, die also Uebergangsstufen zwischen den beiden Typen darstellen, habe ich nur in geringer Anzahl gefunden (z. B. Epidendrum avicula, Ponera sp.).

Die fleischigen Blätter der knollenlosen epiphytischen Orchideen dienen diesen, wie die Knollen, auch zur Aufspeicherung von Reservestärke und zeigen eine, ihrer dreifachen Function der Assimilation, Wasser- und Reservestärkebehälter entsprechende, oft hochgradig differenzirte Structur. Die Wasser aufspeichernden Zellen sind, wie es P. KRÜGER zuerst zeigte, häufig Tracheiden mit faserigen Verdickungen und, ähnlich wie die Intercellularen des Philodendron cannifolium, je nach der Witterung luft- oder wasserhaltig. Sie bilden entweder, ähnlich wie typisches Wassergewebe, eine zusammenhängende Lage zwischen Assimilationsparenchym und Epidermis oder sind regellos in ersterem zerstreut; häufig findet man beides gleichzeitig, so bei Pleurothallis-Arten, welche mir die mannigfachsten und interessantesten Beispiele solcher Blattstructur lieferten, auf welche hier näher einzugehen doch zu weit führen würde. Die Bedeutung der Speichertracheiden (HEINRICHER) geht aus den Untersuchungen KRÜGER's und dem, was wir über das Wassergewebe anderer Pflanzen wissen, zur Genüge hervor.

Die Bedeutung der Scheinknollen der Orchideen als Wasserversorger der Blätter liess sich in ähnlicher Weise, wie für Philodendron cannifolium, einfach feststellen. Am 26. Oktober (**1886**) sammelte ich bei Blumenau Exemplare von Oncidium flexuosum und von je einer, nicht näher bestimmten, dünnblätterigen Art von Epidendrum und Maxillaria. Von je einer Knolle wurden sämmtliche Blätter bis auf eines abgeschnitten, einzelne Knollen wurden auch ihrer Blätter ganz beraubt; die Versuchsobjekte wurden an einem hellen, jedoch nicht sonnigen Orte im Zimmer sich selbst überlassen. Am 29. Oktober waren die abgetrennten Blätter alle ganz welk, während noch am 11. November, beim Abschluss des Versuchs, die an Knollen befindlichen ganz unverändert aussahen. Die Scheinknollen selber waren allerdings stark geschrumpft, und zwar waren diejenigen, die noch ein Blatt besassen, viel stärker gefurcht als diejenigen, die der Blätter ganz beraubt waren. Ich würde den Versuch allerdings in Europa in etwas exakterer Weise ausgeführt haben können; das Ergebniss war aber dennoch vollständig klar.

Ausser den Blättern und Scheinknollen können auch, obwohl jedenfalls nur äusserst selten, die Wurzeln als hauptsächliches Speicherorgan für Wasser dienen. Der einzige mir bekannte Fall dieser Art ist, ausser den nachher zu besprechenden Aëranthus-Arten, Isochilus linearis, eine Laeliee, welche ich in Westindien, Venezuela und Süd-Brasilien theils an schattigen, theils an hellen Standorten hin und wieder fand. Die sehr langen, steifen Sprosse sind dünn und mit ebenfalls dünnen, kleinen Blättern versehen; Scheinknollen fehlen ganz, dagegen sind die Wurzeln auffallend dick und saftig. Die mikroskopische Untersuchung der letzteren ergab, dass ihr mächtiges Rindenparenchym, ganz ähnlich wie in so vielen Scheinknollen, zahlreiche grosse Wasserzellen zwischen stärkeführenden enthielt. Versuche habe ich allerdings, aus Mangel an Zeit, mit dieser Art nicht anstellen können.

Ein stark entwickeltes Wassergewebe oder Speichertracheiden in den Blättern oder Scheinknollen kommt bei weitem der grossen Mehrzahl der epiphytischen Orchideen, die ich auf meinen tropischen Reisen zu sehen bekam, zu. Derartige Schutzvorrichtungen gegen Wassernoth sind nicht, wie es P. KRÜGER auf Grund der Literatur annehmen zu können glaubt, für die Bewohner besonders trockener, sonniger Standorte charakteristisch, sondern kommen ausnahmslos den zahlreichen Formen zu, die in feuchter Luft und gedämpftem Lichte die oberen Aeste der Urwaldbäume überwuchern. Auch unter solchen, im Uebrigen für epiphytisches Pflanzenleben günstigen Bedingungen ist die Anwesenheit von Wasserbehältern bei der Beschaffenheit des Substrats nothwendig; es wäre sogar ein Irrthum, zu glauben, dass solche bei Arten sehr sonniger, trockener Standorte besonders entwickelt wären; soweit erkennbar, bestehen die Schutzmittel in solchen Fällen vielmehr hauptsächlich in Reduction der transpirirenden Oberfläche (Oncidium-, Jonopsis-, Brassavola-, Cattleya-Arten etc.). Ich fand auf mächtigen, übereinander gehäuften Felsblöcken bei Desterro Exemplare einer Pleurothallis-Art, die theils der grössten Sonnengluth ausgesetzt, theils in tiefen, schattigen, humusführenden Verstecken wuchsen; der Unterschied in der Grösse der transpirirenden Oberfläche war sehr auffallend, während die Ausbildung des Wassergewebes und der Cuticula ungefähr gleich war. Die nur an den trockensten, sonnigsten Standorten vorkommende Cattleya bicolor besitzt in ihren saftreichen, fleischigen Blättern und schwach angeschwollenen Stengeln kein differenzirtes Wassergewebe.

Nach dem Vorhergehenden bilden sowohl die Orchideen, die in der Krone der Urwaldbäume wachsen, als diejenigen, die sehr trockene und sonnige Standorte bewohnen, Wasservorräthe. Der Einfluss der ungleichen Existenzbedingungen zeigt sich aber darin, dass die an direktem Sonnenlichte gedeihenden Formen knollenlos und dickblätterig sind, während die dünnblatterigen, knollenbildenden Arten im Allgemeinen eine feuchtere Luft beanspruchen. Ich habe von dieser Regel nur wenige Ausnahmen gesehen.

Epiphytische Orchideen, die in keinem ihrer Organe Wasser aufspeichern, kommen nur im tiefen Schatten des Urwalds vor, wie einige Arten von Zygopetalum, Stelis und der zierlichen Neottieengattung Stenoptera.

6. Wir finden bei den Formen dieser Gruppe nicht blos Schutzmittel **gegen** Austrocknen, sondern **auch Vorrichtungen, durch welche die spärlichen Nährstoffe des Subtrats dem Epiphyt möglichst zu Gute kommen**, ausgebildet. Wir haben in dieser Hinsicht gelegentlich der die epiphytische Vegetation überhaupt charakterisirenden Eigenthümlichkeiten die flächenartige Ausbreitung hervorgehoben und ihre Bedeutung betont. Letztere ist namentlich bei den Epiphyten, die nur die auf der Rinde befindlichen Stoffe verwerthen, ausgebildet. Wir brauchen übrigens auf diese Erscheinung nicht zurückzukommen. Die Luftwurzeln vieler dieser Epiphyten weichen im Uebrigen in keinem wesentlichen Punkte von Bodenwurzeln ab, so namentlich bei sämmtlichen Dicotyledonen; dagegen sind beinahe sämmtliche epiphytischen Orchideen und mehrere Araceen mit Wurzeln versehen, deren Bau ein möglichst schnelles Aufsaugen des Regen- und Thauwassers gestattet, und zwar **auch an frei an der Oberfläche der Rinde kriechenden Wurzeltheilen, während bei anderen Epiphyten solche exponirte Stellen verkorkt und für Wasser kaum durchlässig sind**. Jeder Reisende in den Tropen wird häufig an der Oberfläche dürrer Rinde oder auch auf kahlen Felswänden dem direkten Sonnenlichte ausgesetzte, schneeweisse Luftwurzeln gesehen haben (z. B. Cattleya bicolor auf der Insel Sta Catharina), deren innere Gewebe stets saftig sind, während ihre luftführende weisse Hülle jeden Wassertropfen gleich Löschpapier aufsaugt. Auf diese Weise können solche Pflanzen, die ausschliesslich den Familien der Orchideen und Araceen angehören, auch auf ganz glatter Oberfläche (z. B. auch auf Blättern) fortkommen, während die genügsamsten der anderen Epiphyten dieser Gruppe stets, wenn auch so enge Risse oder sonstige Verstecke für ihre saugenden Wurzeln bedürfen.

Der Bau der Luftwurzeln epiphytischer Orchideen und der sich daran schliessenden Araceen, die Eigenschaften des Wasser aufsaugenden

Velamen, der äusseren Endodermis sind, dank namentlich den ausgedehnten Untersuchungen LEITGEB's, zu genau und allgemein bekannt, um hier einer eingehenden Behandlung zu bedürfen. Nur einige weniger bekannte oder für unser Thema besonders wichtige Erscheinungen mögen etwas genauere Berücksichtigung finden.

Es dürfte die Meinung wohl allgemein verbreitet sein, dass die Wurzeln der epiphytischen und der terrestrischen Orchideen durchweg von einander abweichen, indem erstere mit Velamen versehen sind, während letztere eines solchen entbehren. **In Wirklichkeit jedoch gibt es, wenn auch sehr selten, epiphytische Orchideen ohne Velamen und terrestrische mit Velamen.**

Wurzeln, die sich in keiner Weise von denjenigen terrestrischer Formen unterscheiden, habe ich bei einer nicht näher bestimmten Art von Stenoptera gefunden, vielleicht der einzigen epiphytischen Neottieen-Gattung Amerikas, wo ihre wenigen Arten nach BENTHAM und HOOKER, die ihnen eine terrestrische Lebensweise zuschreiben, Westindien, Bolivien und Brasilien bewohnen. Das winzige Pflänzchen wächst im Schatten, auf rissiger oder bemooster Rinde; ihre Wurzeln weichen in keinem wesentlichen Punkte von denjenigen anderer terrestrischer Neottieen ab.

Bei den zahllosen epiphytischen Orchideen, die ich auf meinen tropischen Reisen und in Gewächshäusern gesehen, war hingegen das Velamen stets vorhanden. Ich war geneigt, dasselbe als Anpassung an die epiphytische Lebensweise aufzufassen, und glaubte anfangs in der Stenoptera von Blumenau eine Art aufgefunden zu haben, die im ursprünglichen Zustand verblieben wäre. Spätere Befunde haben es mir jedoch nicht unmöglich gemacht, dass die terrestrischen Voreltern der mit Velamen versehenen Epiphyten schon ein solches besassen. Die nähere Untersuchung von Epidendrum cinnabarinum zeigte mir nämlich, dass die Wurzeln dieser rein terrestrischen Form sich in keinem wesentlichen Punkte von denjenigen der zahlreichen epiphytischen Arten desselben Genus unterscheiden. Ausser den Bodenwurzeln entwickeln die langen, dünnen Axen der Pflanze Büschel kurzer Luftwurzeln, deren Nutzen mir völlig unklar geblieben ist. Epidendrun cinnabarinum und das sich wohl ganz ähnlich verhaltende E. Schomburgkii sind in dünnen, lichten Capoeirawäldern der Küste von Sta Catharina überaus häufig, scheinen aber nie epiphytisch zu wachsen.

7. Die Luftwurzeln der Orchideen und der meisten epiphytischen Gewächse sind chlorophyllhaltig und vermögen dementsprechend zu assimiliren; letztere Function kommt meist jedoch auch hier wesentlich den Blättern zu, da die Wurzeln in Folge ihres negativen Heliotropismus die dunkelsten erreichbaren Stellen aufsuchen. Bei mehreren Arten der Gattung Aëranthus jedoch spielen die Wurzeln bei der Assimilation eine weit wesentlichere

Rolle; bei einzelnen derselben bestehen **die vegetativen Theile beinahe nur aus einem mächtigen, grünen Wurzelsystem, während die Laubblätter ganz fehlen** und der Stamm auf winzige Dimensionen reducirt ist. Diese merkwürdigen Formen sind ohne Zweifel auf das Prinzip der Reduction der transpirirenden Oberfläche zurückzuführen, welches so viele wunderbare Pflanzengestalten hervorgerufen hat[8]. Die Reduction der vegetativen Theile auf ein assimilirendes Wurzelsystem hat aber für uns daher besonderes Interesse, da dieselbe, ausser bei Wasserpflanzen, nur bei den Epiphyten und den ihnen so ähnlichen Bewohnern kahler Felswände zur Ausbildung kommen konnte.

Aus eigener Anschauung kenne ich nur zwei hierher gehörige Arten, Aëranthus funalis, welchen ich zuerst cultivirt auf Trinidad, später in Venezuela wild wachsend sah, und eine nicht bestimmte Art, von welcher ich ein einziges kleines Exemplar in der Nähe von Blumenau fand.

Aëranthus funalis besteht aus einem mächtigen Büschel federkieldicker, cylindrischer, zum grossen Theil frei hängender Wurzeln, die aus einem ganz winzigen, von braunen Schuppen bedeckten Knöllchen entspringen. Ein- oder zweimal im Jahre erhebt sich aus der Basis des Sprosses ein beinahe nadeldünner, blattloser Seitentrieb mit grossen, gelblich-grünen Blüthen, welcher nach der Fruchtreife oder, wenn keine Befruchtung stattgefunden, nach dem Welken der Blüthen vertrocknet und abfällt. Die assimilirende Thätigkeit der Sprosstheile ist ganz unbedeutend; die Pflanze ist vielmehr für ihre Ernährung beinahe ganz auf das mächtige Wurzelsystem angewiesen, welches vermöge seines Velamen das Wasser aufsaugt, die organische Substanz aus dem anorganischen Rohmaterial erzeugt, den Ueberschuss des Wassers und der organischen Produkte aufspeichert, in einem Worte sämmtliche vegetative Functionen von Stamm, Wurzel und Blatt in sich vereinigt.

Ihren mannigfacheren Functionen entsprechend, weicht die Wurzel von Aëranthus funalis in manchen Punkten von derjenigen beblätterter Orchideen ab; mit der Assimilation in Zusammenhang steht ihr weit grösserer Reichthum an Chlorophyll, die geringere Dicke ihres Velamen, welches auch im trockenen Zustand das grüne Gewebe durchschimmern lässt; den Bedürfnissen der Wasserregulirung entsprechen Wasserzellen und eigenthümliche Durchführgänge für Gase, welchen offenbar genau die gleiche Bedeutung für die Transpiration, wie den Spaltöffnungen, zukommt und die dem blossen Auge, namentlich nach Befeuchtung, **weisse Streifen** darstellen[9], die für Wasser ganz undurchlässig sind, während Gase dieselben ungehindert passiren. Die Aufspeicherung der Reservestärke findet in den tiefen Zonen des Rindenparenchyms statt. Endlich sei noch erwähnt, dass der unbedeutenden Entwicklung der Sprosstheile entsprechend die Gefässbündel sehr reducirt sind, während den in Folge des freien, hängenden

Wachsthumsmodus der meisten Glieder des Wurzelsystems grösseren Ansprüchen an Zug- und Biegungsfestigkeit durch starke Verdickung des Velamen und der inneren Endodermis, sowie durch starke Sklerose des Zwischengewebes im Gefässbündel genügt wird.

Noch weit mehr blattähnlich als bei Aë. funalis sind die Wurzeln des sonst sehr ähnlichen Aë. fasciola aus Guatemala, die neuerdings von JANCZEWSKI einer genauen Untersuchung unterworfen wurden, und welchem sich ein paar brasilianische Arten, von welchen ich Alcoholmaterial meinem Freunde H. SCHENCK verdanke, anschliessen. Bei diesen Arten sind die Wurzeln flach und mit einer ganz ähnlichen Dorsiventralität, wie Laubblätter, versehen. Die Unterseite, die von einer starken Mittelrippe durchzogen ist, trägt das Velamen und die den Spaltöffnungen entsprechenden Pneumathoden; die Oberseite ist flach, grün, entbehrt des Velamen und verrichtet vornehmlich die Functionen der Kohlenstoffassimilation.

Die Dorsiventralität ist, nach JANCZEWSKI, bei Aë. fasciola ebenso unabhängig von äusseren Umständen, wie bei Laubblättern. Die Wurzeln von Aë. funalis dagegen sind im hängenden Zustande radial gebaut, während, im Falle sie auf der Rinde kriechen, ihr Velamen an der Unterseite etwas mächtiger und dünnwandiger wird. Eine ähnliche, durch das Licht bedingte Dorsiventralität kommt nach den Untersuchungen JANCZEWSKI's den Luftwurzeln mehrerer, jedoch nicht aller epiphytischen Orchideen zu.

8. Die Mittel, welche den Epiphyten der ersten Gruppe das Gedeihen auf Baumrinde ermöglichen, sind nach dem Gesagten zum grössten Theil solche, die den meisten atmosphärischen Gewächsen zukommen: flächenartige Ausbreitung, Aufspeicherung von Wasser, starke Ausbildung der Cuticula. Diese Schutzmittel sind aber bei dieser Gruppe, mit Ausnahme der ausgesprochenen Schattenfarne, vollkommener ausgebildet als bei der Mehrzahl der nicht hierher gehörigen Epiphyten, die sich durch besondere Vorrichtungen eine reichlichere Nährlösung verschaffen. Nur bei Vertretern dieser Gruppe, allerdings blos bei wenigen, finden wir die Fähigkeit, grossen Wasserverlust ohne Schaden zu ertragen. Ebenfalls finden wir nur auf dieser niedersten Stufe des Epiphytismus hie und da, namentlich bei Orchideen, starke Reduction der transpirirenden Oberfläche als Schutzmittel ausgebildet, am eigenthümlichsten bei den unbelaubten Aëranthus-Arten, welche uns die auffallendste Anpassung innerhalb der ersten Gruppe liefern. Endlich sei hervorgehoben, dass bei weitem die grosse Mehrzahl der epiphytischen Orchideen und die Araceen mit Velamen ausschliesslich auf die Nährstoffe der Rinde angewiesen sind, sodass letzteres beinahe als eine Eigenthümlichkeit der ersten Gruppe betrachtet werden kann.

Im Ganzen ist, trotzdem die Schutzmittel meist miteinander combinirt sind, sehr üppiges Pflanzenleben auf Kosten der im Humus der Rinde und im

Moos befindlichen Nährlösung nicht möglich; beinahe sämmtliche Arten der ersten Gruppe sind Kräuter von geringer oder mittlerer Grösse, und die wenigen Sträucher gedeihen nur im Schatten auf sehr rissiger oder bemooster Rinde. Die stattlichste mir bekannte hierher gehörige Art ist das südbrasilianische Philodendron cannifolium, das, dank der mächtigen Ausbildung und dem schleimigen Inhalt seines Intercellularsystems, enorme Mengen von Regen- und Thauwasser aufspeichert; die Dimensionen dieser Pflanze sind aber unter den Epiphyten der anderen Gruppen nicht blos sehr gewöhnlich, sondern werden vielfach weit übertroffen.

III. Zweite Gruppe.[10]

Das Wurzelsystem der Epiphyten besteht, nicht blos bei den Monocotylen, sondern auch bei den Dicotylen, ausser während der Keimungsperiode, ausschliesslich aus Adventivwurzeln – eine unmittelbare Wirkung des Substrats, ähnlich wie sie sich, auch in Europa, bei Bäumen zeigt, die auf Mauern oder Felsen wachsen.

Wo die Adventivwurzeln der Epiphyten sehr lange werden, kann es geschehen, dass sie, ohne merklich geotropisch zu sein, hin und wieder den Boden erreichen, woraus jedenfalls ein Vortheil für die Pflanze erwächst; solches Verhalten kann man z. B. bei grossen Cacteen, bei Symphysia guadelupensis, Schlegelia parasitica beobachten.

Was bei den zuletzt erwähnten Epiphyten nur durch Zufall und keineswegs immer geschieht, ist bei anderen constant, indem einzelne der Wurzeln ausgesprochenen positiven Geotropismus besitzen; so verhält sich u. a. die strauchartige Rubiacee Hillia parasitica, die jedoch, wie mir schien, erst spät mit dem Boden verbunden wird. Dem Standorte etwas vollkommener angepasst ist Blakea laurifolia NAUD., eine prächtige, strauch- bis baumartige Melastomacee der kleinen Antillen, aus deren kurzem Stamm Wurzeln entspringen, die theils ausgesprochen positiv geotropisch sind und relativ schnell bis zum Boden wachsen, theils des Geotropismus scheinbar ganz entbehren und ein feines, verworrenes Netz um den stützenden Baumstamm bilden.

In den erwähnten Fällen wird trotz grossem Aufwand von Material noch relativ wenig erreicht; die Verbindung des Epiphyten mit dem Boden ist noch unvollkommen, und daher sehen wir die erwähnten Pflanzen nur auf humusreichem Substrat, an feuchten Standorten gedeihen. Diese Gewächse sind auf einer niederen Stufe der Anpassung verblieben und ihre Wurzeln haben im Wesentlichen die Eigenschaften behalten, die ihren auf dem Boden wachsenden Stammformen zukamen.

Bei anderen Pflanzen ist dagegen die Combination von epiphytischer und terrestrischer Lebensweise, dank einer entsprechenden Differenzirung des Wurzelsystems, eine viel vollkommenere geworden. Wie bei den zuletzt erwähnten Arten sind gewisse Wurzeln durch positiven Geotropismus ausgezeichnet, während die übrigen von der Schwerkraft nicht merklich beeinflusst werden; die bereits bei Blakea angedeuteten sonstigen Unterschiede sind aber weit schärfer ausgesprochen. **Die positiv geotropischen Wurzeln wachsen ausserordentlich schnell, bis sie in den Boden gelangen, und sind durch ihren histologischen Bau zur Leitung der Nährlösung ausgezeichnet angepasst, während die nichtgeotropischen rankenartige, ausserordentlich feste Haftorgane von weit geringerer Länge darstellen.**

Die erwähnte Differenzirung ist auf die Adventivwurzeln beschränkt; sie fehlt ganz der Hauptwurzel und ihren Aesten, die übrigens früh zu Grunde gehen oder sehr klein verbleiben. Haft- und Nährwurzeln sind durch keine Uebergänge verbunden und die Ausbildung eines Gliedes des Wurzelsystems zu der einen oder der anderen Form von äusseren Umständen ganz unabhängig; wo eine Haftwurzel zufällig in ein humusreiches Substrat gelangt, entwickelt sie zahlreiche Nebenwurzeln, ohne ihre charakteristischen Eigenschaften aufzugeben. Beiderlei Wurzeln entstehen bei den Monocotylen aus dem Stamme oder seinen Aesten, während bei den Clusiaceen die Seitenäste der Nährwurzeln zuweilen den Charakter von Haftwurzeln besitzen.

Die **Haftwurzeln** sind ausgesprochen negativ heliotropisch, dagegen nicht merklich geotropisch. Sie besitzen ein langsames, beschränktes Längenwachsthum, werden nur bei wenigen Pflanzen bis zwei Fuss lang und sterben, ähnlich wie Ranken, ab, wenn sie nicht früh mit einem festen Gegenstand in Berührung kommen. Haben sie eine Stütze erreicht, was bei ihrem negativen Geotropismus und der Lebensweise der Epiphyten in der Regel geschieht, so legen sie sich derselben dicht an und krümmen sich rankenartig um dieselbe herum, manchmal zwei bis drei Windungen bildend, wenn der erfasste Gegenstand dünn ist. Die Dicke der Haftwurzeln schwankt zwischen derjenigen eines Federkiels (Aroideen) und eines starken Fingers (Clusia).

Der Epiphyt hängt, wie eine Liane an ihren Ranken, an seinen Haftwurzeln, die dementsprechend **einen festen Halt an der Unterlage** und **bedeutende Zugfestigkeit** besitzen müssen. Erstere Bedingung ist dadurch erfüllt, dass die Haftwurzeln den Unebenheiten der Rinde dicht angedrückt kriechen, letzterer, in der Jugend wenigstens, durch Wurzelhaare angewachsen sind und zum mindesten eine halbe Windung um den erfassten Gegenstand bilden; die Zugfestigkeit wird ihnen dadurch verliehen, dass ihr axiles Gefässbündel, resp. (Clusia) auch der secundare Zuwachs des Holzkörpers wesentlich aus stark verholzten, dickwandigen Fasern bestehen, wahrend die leitenden Elemente spärlich und dünn sind. Wie vollkommen die Befestigung ist, zeigt sich, wenn man den Versuch macht, den Epiphyt von seiner Unterlage abzureissen; derselbe gelingt bei den grösseren Formen dem Einzelnen nicht, indem die Haftwurzeln sich nur sehr schwer strecken lassen und beinahe unzerreissbar sind.

Die **Nährwurzeln** sind bei einigen Arten, ähnlich wie die Haftwurzeln, ausgesprochen negativ, bei anderen nicht heliotropisch; stets sind sie ausgesprochen positiv geotropisch und besitzen ein unbeschränktes und schnelles Längenwachsthum, sodass sie sogar einen über 100 Fuss über dem Boden wachsenden Epiphyt mit letzterem verbinden können. In ihrem oberirdischen Theil meist einfach, verzweigen sie sich reichlich in dem Boden. Sie weichen in ihrem anatomischen Bau wesentlich von den Haftwurzeln ab, indem bei ihnen die leitenden Elemente vorherrschend sind, während die mechanischen stark zurücktreten und, bei Clusia namentlich, relativ wenig verdickt sind. Ausserdem sei hervorgehoben dass, wenigstens bei den Monocotylen, das Gefassbündel in den Nährwurzeln weit stärker entwickelt ist im Verhältniss zur Rinde, als bei den Haftwurzeln. Denjenigen Nährwurzeln, die frei in der Luft hängen, wird die nöthige Biegungsfestigkeit durch einen peripherischen Sklerenchym- oder Collenchymring verliehen (Clusia rosea, brasil. und westind. Philodendron-Arten).

Die **monocotylen** Glieder der zweiten Gruppe gehören, soweit meine Beobachtungen reichen, alle den Gattungen Carludovica, Anthurium und Philodendron.

Carludovica Plumieri ist ein schlanker, oft mehrere Meter hoher Epiphyt, der auf Dominica vielfach an den Stämmen der Urwaldbäume klettert. Seine federkieldicken Nährwurzeln entspringen aus den Knoten und laufen büschelweise, der Rinde angedrückt, senkrecht nach unten, während die ebenfalls zahlreichen Haftwurzeln, die bis zwei Fuss Länge erreichen, senkrecht zu dem Stamm von Carludovica wachsen und die Stütze fest umklammern.

Das Querschnittsbild ist, wie die Fig. 2 und 3 (Taf. III) zeigen, bei Nähr- und Haftwurzeln sehr ungleich. Das Gefässbündel der ersteren ist sehr dick und besteht wesentlich aus sehr zahlreichen und weitlumigen Gefäss- und Siebgruppen, die an der Peripherie die für Monocotylenwurzeln typische Anordnung zeigen, während sie im Innern regellos durcheinander liegen; das Zwischengewebe ist schwach entwickelt und besteht aus faserförmigen, sklerotischen Zellen.

Ganz anders als bei Nährwurzeln sieht der Querschnitt der Haftwurzeln aus. Das Gefässbündel ist dünn und besteht der Hauptsache nach aus sehr dickwandigen, stark verholzten, faserförmigen Zellen, wahrend die Gefäss- und Siebgruppen nur wenige, englumige Elemente besitzen und, innerhalb des peripherischen, polyarchen Rings, ganz vereinzelt im massigen Zwischengewebe liegen.

Ganz ähnlich wie Carludovica verhalten sich verschiedene westindische Arten der Gattung Anthurium[11], mit dem für unsere Frage unwesentlichen Unterschied, dass ihr Gefassbündel normale Structur besitzt; hierher gehören das mit langem, kletterndem Stamme versehene Anth. palmatum und eine kurzstämmige, nicht bestimmte Art (Taf. III, Fig. 4 u. 5) mit riesiger Blattrosette, die auf Dominica häufig ist. Diese Wurzeln entbehren des Velamen, im Gegensatz zu denjenigen einiger Anthurium-Arten der ersten Gruppe.

Etwas abweichend verhält sich ein in den Wäldern Trinidads häufiges Philodendron, mit mächtigem, knolligem Stamm, indem seine Nährwurzeln frei herunterhängen. Zur selben Gattung gehört ferner wohl auch die epiphytische Aroidee, deren ausserordentlich lange, ebenfalls frei in die Luft wachsende Nährwurzeln in Sta Catharina unter dem Namen »cipó nero« als Stricke und dergl. Verwendung finden. Die Wurzeln dieser Arten weichen von denjenigen der Gattung Anthurium durch den Besitz von Oelgängen in der Rinde und namentlich denjenigen einer peripherischen Faserlage ab, welche ihnen die in Folge des frei hängenden Wachsthumsmodus nothwendige Biegungsfestigkeit verleiht. Manche kletternden Araceen des brasilianischen und westindischen Urwalds befinden sich auf der Uebergangsstufe zum Epiphytismus, indem sie häufig im Boden keimen, ihr Stamm aber später an der Basis abstirbt; so verhalten sich namentlich Arten von Philodendron, Monstera deliciosa. Auf solcher Uebergangsstufe befindet sich auch Vanilla planifolia, die aus ihren Knoten lange, cylindrische, positiv geotropische Nährwurzeln und kurze, flache, nicht geotropische Haftwurzeln erzeugt; anatomisch habe ich diese beiden Wurzelformen nicht verglichen.

Die ausgezeichnetste zu der zweiten Gruppe gehörige dicotyle Pflanze ist **Clusia rosea**, deren Lebensgeschichte ich auf den westindischen Inseln einer genauen Untersuchung unterwerfen konnte.

Clusia rosea ist ein reich belaubter, bis mittelgrosser, epiphytischer Baum, dessen frei wachsender Stamm sich nach unten in eine oft über armsdicke, scheinbare Hauptwurzel fortsetzt, welche meist, wenn auch nicht immer, der Rinde des Wirthbaumes dicht angedrückt, senkrecht bis in den Boden geht. Der scheinbaren Hauptwurzel entspringen zahlreiche, dünnere Nebenwurzeln, die sämmtlich auf der Rinde kriechen und theils ebenfalls senkrecht oder schief bis in den Boden wachsen, zum grössten Theil jedoch horizontal verlaufen und den stützenden Stamm fest umklammern. Anstatt einer einzelnen durch ihre Dicke und Lange ausgezeichneten Wurzel sind deren zuweilen mehrere, sämmtlich ausgesprochen positiv geotropisch.

Die eben besprochenen Wurzelgebilde stellen, namentlich bei älteren Exemplaren, nur einen Theil des Wurzelsystems des Epiphyten dar. Aus den belaubten Aesten entspringen zahlreiche Adventivwurzeln, die theilweise als kurze, aber starke Haftorgane ausgebildet sind, theilweise dagegen senkrecht nach unten bis zum Boden wachsen und eine oft ungeheure Länge erreichen. Wir finden demnach unter diesen, den belaubten Aesten entspringenden Wurzeln eine ganz ähnliche Differenzirung, wie bei Carludovica und den vorhin erwähnten Aroideen, und werden dieselben ebenfalls als Nährwurzeln und Haftwurzeln unterscheiden.

Die Haftwurzeln sind meist einfach, besitzen oft über Fingerdicke und krümmen sich rankenartig um die Gegenstände, mit welchen sie in Contakt kommen; sie umklammern in dieser Weise nicht nur die Aeste des Wirthbaums und benachbarter Bäume, sondern auch diejenigen des Epiphyten selbst oder andere Haftwurzeln, mit welchen sie verworrene Knäuel erzeugen. Die Nährwurzeln sind in ihrem oberirdischen Theile einfach und besitzen in dessen ganzer Länge gleiche Dicke; letztere beträgt vor dem Eindringen in den Boden etwa 6–7 mm, nach der Bewurzelung oft mehrere Centimeter. Sie gleichen im letzteren Falle starken Schiffstauen. Die Burserabäume der Urwälder von Dominica sind oft von Hunderten solcher Taue, die die auf dem Gipfel des Riesen befindlichen epiphytischen Clusien mit dem Boden verbinden, umgeben; an einem einzigen Büschel noch frei hängender Wurzeln fanden wir 107 Glieder.

Die Lebensgeschichte der Clusia rosea ist in den Hauptzügen folgende. Der Same keimt in humusreichen, feuchten Spalten der Rinde; auf Dominica jedoch meist im Wurzelgeflecht einer mächtigen Bromeliacee, Brocchinia Plumieri, auf Trinidad vielfach in den persistirenden Blattbasen von Palmen. Die pfahlförmige Hauptwurzel dringt in das Substrat so tief als möglich ein und bildet zahlreiche, dünne Aeste, die den meist engen Raum möglichst durchwuchern und ausnutzen.

Die Hauptwurzel und ihre Aeste bleiben sehr klein, genügen aber, um der jungen Pflanze im Anfang die nöthige Nahrung und Befestigung zu verschaffen. Bald nach der Keimung werden jedoch an der Basis des Stengels einige Adventivwurzeln erzeugt, die in das Substrat nur eindringen, wenn dasselbe eine grössere Ausdehnung besitzt, widrigenfalls, und zwar ist dies die Regel, sie an der Oberfläche des

Wirthbaumes nach allen Richtungen kriechen und bald das Hauptwurzelsystem an Mächtigkeit weit übertreffen. Die Adventivwurzeln sind mit der Rinde des Wirthbaumes durch Haare verwachsen, dringen in Spalten, Moospolster, Luftwurzelgeflechte ein, wo sie reichliche Verästelungen erzeugen, während sie an trockenen Stellen einfach bleiben. Auch dieses Stadium ist provisorisch; der Mehrzahl dieser Wurzeln kommt nur vorübergehend eine wesentliche Bedeutung für die Ernährung des Epiphyten zu. Eine der Wurzeln – selten eine Mehrzahl solcher – zeichnet sich bald durch positiven Geotropismus und viel bedeutenderes Längenwachsthum vor den übrigen aus und erreicht früher oder später den Boden. Wo nur eine solche Wurzel vorhanden, stellt sie scheinbar die directe Fortsetzung des Stammes nach unten und ist demnach einer Hauptwurzel ähnlich. Diese Periode der Entwickelung ist bereits durch die Differenzirung des Wurzelsystems in Organe der Ernährung und der Befestigung ausgezeichnet, indem der scheinbaren Hauptwurzel und ihren verticalen Seitenästen wesentlich die erstere, den horizontal rings um den Stamm wachsenden Seitenästen die letztere Function zukommt. Das aus der Basis des jungen Stammes entspringende System von Adventivwurzeln will ich das **primäre** nennen.

Als secundäre Adventivwurzeln bezeichne ich diejenigen, welche, wie anfangs gezeigt wurde, aus den Zweigen entspringen. Diese Wurzeln werden weit später als die primären angelegt und unterscheiden sich in mancher Hinsicht von diesen. Sie werden ordnungslos erzeugt und bald zu Nährwurzeln, bald zu Haftwurzeln ausgebildet, ohne dass äussere Factoren die Bestimmung der Wurzel irgendwie beeinflussen könnten; oft werden vielmehr am selben Zweige, unter ganz gleichen äusseren Umständen, beiderlei Wurzeln gebildet. Die Haftwurzeln besitzen ein langsames, beschränktes Längenwachsthum und sehr starken, negativen Helietropismus, während die Nährwurzeln schnell eine bedeutende Länge erreichen und, ohne je heliotropische Krümmungen zu zeigen, vertical nach unten wachsen. Das endliche Resultat haben wir kennen gelernt: Die Haftwurzeln kommen in Folge ihres negativen Heliotropismus in der Regel mit einem Aste in Berührung und krümmen sich um denselben um, sterben aber ab, wenn sie eine gewisse Länge erreichen, ohne eine Stütze zu finden. Die Nährwurzeln hingegen wachsen bis zum Boden, treiben in denselben zahlreiche Seitenäste, wahrend ihr oberirdischer, bisher dünner Theil allmählich die Dicke eines Schifftaues erreicht.

Der ungleichen biologischen Bedeutung der beiden Wurzelformen entsprechen ganz ähnliche anatomische Unterschiede, wie bei denjenigen der vorhin beschriebenen Monccotylen. Das Holz besteht in den Nährwurzeln aus zahlreichen, weitlumigen Tracheen und schwach verdickten Faserzellen, während in den Haftwurzeln die Tracheen sehr spärlich und eng sind, das zwischenliegende Faserparenchym sehr stark verdickte, sklerotische Wände besitzt; auch die Elemente des Bastes, speciell die Siebröhren, sind in den Nährwurzeln weitlumiger als in den Haftwurzeln.

Die Haftwurzeln besitzen stets, auch wenn sie nicht mit einer Stütze in Berührung kommen, gleichen Bau. Die Nährwurzeln bestehen vor ihrer Verbindung mit dem Boden beinahe nur aus zarten, unverholzten Zellen; das secundäre Dickenwachsthum beginnt erst nach derselben. Die für die freihängenden Wurzeln nöthige Biegungsfestigkeit wird erreicht durch peripherische Gruppen stark verdickter, langgestreckter Zellen, die nach der Bewurzelung obliterirt werden, indem ein Bedürfniss nach mechanischen Vorrichtungen dann nicht mehr besteht.

> Die anatomischen Unterschiede zwischen Nähr- und Haftwurzeln zeigen sich, wenn auch in geringerem Grade, bei dem primären Adventivwurzelsystem. Die Haftwurzeln desselben stimmen ganz mit den secundären überein, während die Nährwurzeln anfangs allerdings ebenfalls wesentlich aus englumigen, stark verdickten Elementen bestehen, in welchen immerhin die Tracheen zahlreicher sind, in ihrem späteren Zuwachs aber den secundären Nährwurzeln weit ähnlicher werden, indem die Tracheen an Zahl und Weite bedeutend zunehmen. Der Uebergang des mehr mechanisch zu dem mehr ernährungsphysiologisch gebauten Theil ist schroff und für das blosse Auge sehr auffallend.

Der Clusia rosea schliessen sich die epiphytischen Feigenbäume an (Taf. I), die auf ungleichen Stufen der Anpassung verblieben sind, was wohl auch von Arten der Gattung Clusia gelten dürfte. Ich habe nie Gelegenheit gehabt, epiphytische Feigenbäume viel zu studiren; nach dem, was ich in Brasilien an solchen zu beobachten Gelegenheit hatte, sowie nach den mündlichen Mittheilungen von Herrn Dr. BRANDIS über indische Feigenarten, sind die ersten Entwicklungsstadien denjenigen von Clusia rosea sehr ähnlich und führen zunächst zu einem primären System von Adventivwurzeln, das den Stamm als vielfach anastomosirendes Geflecht umhüllt und mit zahlreichen Aesten in den Boden dringt. Bei den von mir gesehenen Arten und bei Coussapoa Schottii war, wie bei Clusia, die eine dieser Wurzeln weit stärker als die andern und einer Hauptwurzel gleich. Manche, aber nicht alle Ficus-Arten entwickeln aus ihren Aesten secundäre Adventivwurzeln, die jedoch nicht, wie bei Clusia rosea, sich entweder zu Haft- oder zu Nährwurzeln, sondern zu Stützwurzeln entwickeln, die senkrecht nach unten wachsen und nach ihrem Eindringen in den Boden, in Bezug auf Umfang und Festigkeit, stammähnlich werden. Allbekannt ist durch die Abbildungen der Banyan (Ficus indica) mit seinen zahlreichen, säulenartigen Stützwurzeln.

IV. Dritte Gruppe.[12]

Während die meisten Epiphyten sehr lange, gerade Wurzeln besitzen, die sich nur an feuchten Stellen reichlich verzweigen, stellen die Wurzeln einiger, zu sehr verschiedenen Familien gehörender, epiphytischer Gewächse viel verzweigte Geflechte schwammartiger Structur dar, in und auf welchen sich allmählich todte Blätter und andere humusbildende Stoffe anhäufen. Zuweilen sind diese Geflechte noch niedrig und einfach, z. B. bei Epidendrum ciliatum; bei mehreren Pflanzenarten jedoch sind sie zu massigen, stark vorspringenden oder vogelnestartig in den Gabelungen der Aeste befestigten Wurzelmassen ausgebildet, welche zu überaus reichen Ablagerungsorten für Humus werden; mit der Zeit werden diese Wurzelgeflechte häufig von Moosen und kleinen Farnen mehr oder weniger überzogen.

Die Ernährung der Epiphyten ist durch diese Vorrichtung ebenso unabhängig von der Baumrinde als bei den Arten der zweiten Gruppe. Der Humus, der sich in und namentlich auf den Wurzelgeflechten ansammelt und von den Blättern festgehalten wird, ist für den Epiphyten eine beinahe ebenso reiche Nährquelle, wie der Boden selbst.

Ebenso wie in den vorher besprochenen Fällen, sind bei den zu dieser Gruppe gehörenden Epiphyten die Functionen der Ernährung und der Befestigung auf verschiedene Glieder des Wurzelsystems vertheilt, welche dementsprechend mit ungleichen Eigenschaften ausgerüstet sind. Den Haftwurzeln kommt jedoch auch eine wichtige Rolle bei der Stoffleitung zu, und die Differenzirung ist überhaupt weniger ausgeprägt als bei der zweiten Gruppe.

Die oft über einen Cubikfuss mächtige, ungefähr isodiametrische oder kuchenartig ausgebreitete Wurzelmasse ist durch Haftwurzeln befestigt, welche wiederum durch negativen Heliotropismus und grosse Zugfestigkeit ihren Functionen angepasst sind. Die Nährwurzeln hingegen unterscheiden sich in vieler Hinsicht von denjenigen der vorigen Gruppe. Es handelt sich eben nicht mehr um eine Verbindung mit dem Boden, sondern im Gegentheil um die Verwerthung eines namentlich **oberhalb** des Wurzelkörpers befindlichen Nährbodens und der ebenfalls von **oben** kommenden Niederschläge. Dementsprechend sind die Nährwurzeln dieser Epiphyten nicht mehr positiv, sondern **negativ**[13] geotropisch. Da es sich bei diesen Wurzeln nicht mehr um die Leitung von Nährlösungen auf weite Strecken handelt, so ist auch ihr anatomischer Bau weniger auffallend verschieden von demjenigen der Haftwurzeln, als etwa bei Clusia oder Carludovica. Bei Anthurium Hügelii, einer der ausgezeichnetsten hierher gehörigen Pflanzen, kommt das Vorherrschen der Leitelemente in den

Nährwurzeln, des Sklerenchyms in den Haftwurzeln sehr deutlich zum Vorschein; in den übrigen Fällen sind dagegen die Unterschiede nur gering.

Die zuerst auftretenden Wurzeln haben stets wesentlich die Eigenschaften von Haftwurzeln, dienen aber zugleich zur Ernährung der jungen Pflanze. Die Nährwurzeln entstehen jedoch bald, theilweise oder (Orchideen) ausschliesslich, als Nebenäste der Haftwurzeln. Es muss aber hervorgehoben werden, dass in diesem Falle morphologisch gleichwerthige Seitenwurzeln, auch bei gleichen äusseren Bedingungen, theils zu der einen, theils zu der anderen Wurzelform werden, ohne dass hierin der Einfluss äusserer Umstände zur Geltung komme.

Das oft kopfgrosse Wurzelgeflecht von **Oncidium altissimum**, einer in Westindien häufigen epiphytischen Orchidee, ist entweder rundlich oder mehr oder weniger flach ausgebreitet und stellt eine Art Korb dar, dessen Wandung aus den verflochtenen, federkieldicken Haftwurzeln besteht, während aus dem Inneren, neben den grünen Sprossen, Hunderte von nadelformigen Nährwurzeln sich erheben. In diesem Korb sammeln sich von den Baumästen abgefallene Pflanzentheile, die allmählich in Humus übergehen.

Noch weit mächtiger entwickelt ist ein Cyrtopodium Sta. Catharinas, dessen zahllose Nährwurzeln über stricknadellang werden.

Die eben erwähnten Orchideen stellen relativ noch einfache Fälle dar. Die functionelle Differenzirung zwischen beiden Wurzelformen ist noch wenig ausgesprochen, indem die Haftwurzeln nicht nur stets die Leitung der Nährstoffe in die Pflanze übernehmen, sondern auch in nicht unbeträchtlichem Grade an deren Aufnahme theilnehmen. Das erwähnte Cyrtopodium lässt sich auf dem Boden cultiviren und wächst dabei sehr üppig, obwohl es nur von unten also durch seine Haftwurzeln, ernährt wird. Die Bedeutung der negativ geotropischen Wurzeln ist aber nichtsdestoweniger in der Natur sehr gross, sogar da, wo das Substrat relativ reich an Nährstoffen ist, namentlich aber da, wo die Rinde wenig bietet; ich habe Oncidium flexuosum und sogar das riesige Cyrtopodium auf hohen, kahlen Baumästen wachsen sehen, wo ihre Haftwurzeln beinahe nichts aufnehmen konnten, während sich zwischen den Nährwurzeln verwesende Pilanzentheile reichlich befanden.

Anthurium Hügelii SCHOTT. (Anth. Hookeri KTH.)[14], ein mächtiger, in den Wäldern Westindiens und Venezuelas häufiger Epiphyt, der trotz seiner ungeheuren Dimensionen oft an den tauartigen Luftwurzeln von Clusia oder den bandförmigen Stämmen der Bauhinien befestigt ist, steht auf einer höheren Stufe der Anpassung als die eben beschriebenen Orchideen. Das oft über einen Cubikfuss mächtige, rundliche oder etwas längliche Wurzelgeflecht umgibt und überragt den kurzen Stamm und sendet zahlreiche Verästelungen zwischen die beinahe sitzenden, steifen Blätter, **deren mächtige Rosette einen Haufen von mehr oder weniger zersetzten, nach unten in Humus übergehenden, pflanzlichen Fragmenten umgibt und festhält.**

Die Befestigung des Epiphyten geschieht durch starke, bis drei Fuss lange, horizontale Haftwurzeln. Die Nährwurzeln, welche das mächtige, schwammartige Geflecht der Hauptsache nach zusammensetzen, sind sehr ungleich dick, reichlich verzweigt und dicht behaart. Sie sind an der Basis des Wurzelschwammes durcheinander geflochten, wahrend im oberen Theile ihre wachsenden, freien Enden sich zahllos theils in die Luft, theils namentlich in den von den Blättern festgehaltenen Humushaufen erheben. Am Ende der trockenen Jahreszeit sterben die peripherischen Wurzelenden, sowie die äussersten Blätter sammt den in ihren Achseln befindlichen langen Auszweigungen des Wurzelsystems ab. Im Juni oder Juli aber dringen durch die Fetzen der abgestorbenen Blätter und Wurzeln wieder zahlreiche, neue Wurzelspitzen hervor, die alle genau nach oben gerichtet sind und deren nadeldünne, etwas grünlich gefärbte Enden rasenartig den oberen Theil der Wurzelmasse bedecken. Die Haftwurzeln hingegen bleiben während der trockenen Jahreszeit ganz unversehrt; sie unterscheiden sich äusserlich von den Nährwurzeln dadurch, dass sie nicht ringsum, sondern nur an der angewachsenen Seite behaart sind.

Bei der Keimung werden zunächst Haftwurzeln ausgebildet, die während einiger Zeit auch die Functionen der Ernährung allein verrichten. Sehr früh jedoch entstehen die ersten Nährwurzeln, zunächst als Seitenäste der Haftwurzeln, nachher aber auch direkt aus dem Stamme, und übertreffen die Haftwurzeln bald in Länge und Zahl. Haupt- und Nebenäste der Nährwurzeln sind zuerst nach oben gerichtet; durch den Contakt entstehen jedoch mannigfache Krümmungen, durch welche die Wurzelmasse zu einem unentwirrbaren Gerüstwerk wird. Im Grossen und Ganzen bleibt aber das Wachsthum der letzteren demjenigen des Stammes gleichsinnig, sodass freie Wurzelenden nur im oberen Theile auftreten.

Anatomisch weichen die Wurzeln von Anth. Hügelii von denjenigen der Arten der zweiten Gruppe durch den Besitz eines mächtigen Velamen ab, welches jedoch, im Gegensatz zu demjenigen von A. lanceolatum (siehe 1. Gruppe), glattwandige Zellen besitzt. Das Gefässbündel besteht in den Haftwurzeln wesentlich aus sehr stark verdickten, sklerotischen Faserzellen und enthält nur wenige englumige Gefäss- und Siebelemente; letztere sind in den Nährwurzeln zahlreicher und weiter, während das Zwischengewebe nur an der Peripherie sklerotisch ist. Immerhin ist aber der Unterschied nicht so auffallend, als bei den Haft- und Nährwurzeln der zweiten Gruppe.

Einige grosse Farne des tropischen Amerika zeigen ein demjenigen von Anth. Hügelii ähnliches Verhalten, so namentlich die westindischen Polypodium Phyllitidis L. und Asplenium serratum L. Beide Arten besitzen steife, schmal zungenförmige Blätter, die einen riesigen Trichter bilden, in welchem sich, wie bei Anthurium Hügelii, abgestorbene Pflanzentheile anhäufen und in Humus übergehen; das Wurzelsystem ist in ähnlicher Weise für die Verwerthung dieser Nährquelle ausgebildet. Die Pflanze ist durch zahlreiche, myceliumartig auf der Rinde wuchernde Haftwurzeln befestigt, die ebenso wie bei den übrigen vorher beschriebenen Pflanzen negativ heliotropisch sind, während die kurzen Nährwurzeln starken negativen Geotropismus besitzen.

Ganz ähnliche Anpassungen an die Verwerthung von Humus kommen auch, wie es bereits SOLMS-LAUBACH in einem Referat über meine Arbeit über die Epiphyten Westindiens hervorhob, in Java vor. In neuester Zeit hat aber GOEBEL daselbst bei verschiedenen Farnen Anpassungen nachgewiesen, welche eine höhere Stufe darstellen. Während die Blätter von Anthurium Hügelii und der sich ähnlich verhaltenden Farne gleichzeitig zum Festhalten des Humus und zur Assimilation dienen, sind bei verschiedenen indischen Arten der Gattung Polypodium und Platycerium beide Functionen auf ungleiche und entsprechend ausgebildete Blätter vertheilt. Das in unseren Gewächshäusern viel cultivirte Platycerium alcicorne ist ein ausgezeichnetes Beispiel dieser merkwürdigen Vorrichtung, welche in GOEBEL's citirter Arbeit des näheren geschildert ist. Zu dieser Gruppe kann endlich auch Dischidia Rafflesiana, mit ihren Wasser und Humus sammelnden Ascidien, gerechnet werden (vgl. TREUB l. c.).

V. Vierte Gruppe.

1. Die Rinde eines von Epiphyten überwucherten Baumes zeigt sich, vielfach bis zu seiner Basis, von einem dichten Wurzelgeflecht umhüllt, welches von den verschiedenartigsten Pflanzen herrührt. Die Wurzeln der doch so oft stattliche Dimensionen erreichenden und so zahlreichen Bromeliaceen sind in diesem Gewirr nicht vertreten; noch ragen sie, wie bei Anthurium Hügelii und den anderen Arten der dritten Gruppe, als mächtige, schwammartige Polster hervor. Sie bedecken, rings um die Anheftungsstelle, ein Areal, das bei den stattlichsten Arten die Oberfläche der Hand nicht übertrifft, und doch sind sie weder dick noch zahlreich. Diese dünnen und häufig an der Oberfläche ganz glatter Rinde befestigten Wurzeln erscheinen von vornherein nicht im Stande, die Pflanze zu ernähren, um so mehr als sie zum grössten Theile abgestorben sind. Dagegen sind sie so fest und der Rinde

derart angekittet, dass die epiphytischen Bromeliaceen sich nur sehr schwer von ihrem Substrat abreissen lassen; die Function der Befestigung am Substrat wird von diesen Wurzeln vollkommen verrichtet.

Während die Wurzeln, auch bei üppig wachsenden Bromeliaceen, häufig auf ganz glatter und trockener Rinde kriechen, bilden in der Mehrzahl der Fälle die Blätter, ähnlich wie bei Anthurium Hügelii und Asplenium serratum, einen mächtigen Trichter, der nicht nur wie bei diesen, Humus, sondern auch, indem er an der Basis dicht schliesst, Wasser reichlich ansammelt. Dieses Wasser, dessen Menge ein Liter häufig übertrifft, liefert keineswegs, wie es manchmal beschrieben worden ist, dem durstigen Reisenden ein köstliches Getränk, sondern stellt eine schmutzige, stinkende Flüssigkeit dar, in welcher allerlei Thierchen ihr Dasein fristen – theilweise Arten gehörend, die an anderen Standorten nicht vorkommen[15]). Die trockeneren, oberen Theile des Humushaufens sind dagegen häufig von Ameisen bewohnt.

Im Gegensatz zu Anthurium Hügelii wird dieser Humus nicht von Wurzeln ausgebeutet; solche fehlen zwischen den Blättern gänzlich. Es erschien daher wahrscheinlich, dass die Blätter, und nicht die Wurzeln, bei diesen Bromeliaceen die Function der Wasseraufnahme verrichten, und dass es sich in der That so verhält, habe ich bereits in meiner ersten Mittheilung eingehend dargestellt. Die diesbezüglichen Versuche müssen jedoch hier, des Zusammenhangs halber, wieder beschrieben werden.

2. Die Versuche wurden auf den westindischen Inseln Dominica und Trinidad im Jahre 1883 ausgeführt. Zur Verwendung wurden Caraguata lingulata, Brocchinia Plumieri und eine Vriesea des Urwalds gewählt, weil diese Pflanzen viel leichter welken als die Aechmea-Arten und die grauen Tillandsien, die wochenlang bei gänzlichem Wassermangel turgescent bleiben. Die erwahnten Versuchspflanzen welkten sämmtlich nach wenigen Tagen, wurden aber nach wiederholtem Befeuchten der Blattbasen, bei vollständigem Trockenbleiben der Wurzeln, in höchstens 24 Stunden wieder frisch und straff, mit Ausnahme der äussersten Blätter, die meistens gänzlich vertrockneten.

Noch instructivere Resultate ergaben vergleichende Culturen, bei welchen die Pflanzen (ausser den genannten noch die schwer welkende Till. fasciculata) theilweise gar nicht, theilweise nur auf den Blättern befeuchtet wurden; um jede Mitwirkung der Wurzeln auszuschliessen, waren dieselben abgeschnitten und der ganze wurzeltragende Theil mit Canadabalsam überzogen. Die nicht begossenen Exemplare starben, je nach der Art, nach wenigen Tagen oder erst einigen Wochen ab, während die begossenen während der ganzen Dauer der Versuche (10 Wochen, z. Th. 3 Monate) frisch blieben und sich weiter entwickelten.

Entsprechend modificirte Versuche wurden mit denselben Pflanzenarten angestellt, um die Wurzeln auf ihre Bedeutung als Ernährungsorgane zu prüfen. Welke Pflanzen (Brocchinia, Guzmannia tricolor) wurden nicht wieder frisch, wenn ihre Wurzeln allein befeuchtet wurden, und Begiessung des Wurzelsystems frischer Pflanzen bei Trockenbleiben der Blätter hinderte nicht, dass Welken bald eintrat. Durchschnittlich jedoch, wenn auch nicht immer, welkten die Pflanzen mit begossenen Wurzeln etwas langsamer als die gar nicht begossenen, sodass eine schwache Wasseraufnahme durch die Wurzeln stattzufinden scheint.

Aus diesen Versuchen geht zur Genüge hervor, dass das im Blatttrichter aufgespeicherte Wasser nicht nur benutzt wird, sondern unentbehrlich ist.

Dass den Wurzeln bei den epiphytischen Bromeliaceen nur die Function von Haftorganen, den Blättern dagegen sämmtliche Functionen der Stoffaufnahme zukommen, geht in auffallendster Weise aus dem Umstande hervor, dass **Bromeliaceen, die mit anderen Haftvorrichtungen versehen sind, der Wurzeln entbehren**.

Die häufigste der wurzellosen Bromeliaceen ist Tillandsia usneoides, deren graue Schweife in den kühleren Waldlandschaften des tropischen und subtropischen Amerika beinahe nie fehlen und vielfach das Laub ganz verdecken (Taf. II). Jeder dieser Schweife, deren Lange bis gegen 3 m erreichen kann, besteht aus zahlreichen, fadenförmigen, zweizeilig beblätterten Sprossen, die dadurch, dass sie an ihrer Basis den stützenden Ast umwinden, den nöthigen Halt bekommen. Den ersten Ursprung eines Schweifes bildet in der Regel ein einzelner, durch den Wind abgerissener Zweig, der, auf einen anderen Ast gefallen, denselben umwindet und zahlreiche Seitensprosse entwickelt, die sich theilweise wie der Mutterspross verhalten, zum grössten Theile jedoch ganz frei in die Luft hängen. Wie auch die Vögel an der Verbreitung der Pflanze theilnehmen, wurde vorher beschrieben.

3. Die Aufnahme der wässerigen Lösung findet nicht durch die ganze Oberfläche, sondern nur durch die bekannten Schuppenhaare statt, die bei denjenigen Bromeliaceen, die mit einem aufsammelnden Blatttrichter versehen sind, vorwiegend, oft beinahe ausschliesslich, an der Blattbasis vorkommen, die sie dicht überziehen, während sie bei denjenigen Arten, die, wie Tillandsia usneoides, eines äusseren Wasserreservoirs entbehren, die ganze Pflanze gleichmässig bedecken.

Das Schuppenhaar (Taf. III, Fig. 12–17) besteht aus einem in das Gewebe eingesenkten stiel- oder trichterförmigen Stücke, das ringsum mit den umgebenden Zellen zusammenhängt, und einem der Blattoberfläche flach aufliegenden oder manchmal in der Mitte eingesenkten Schilde. Ersteres besteht aus drei flachen, durch sehr dünne Wände getrennten, plasmareichen

Zellen und sitzt einer drei- oder viergliedrigen Gruppe kleiner Zellen auf. Das Schild ist bei den meisten Tillandsien aus einem peripherischen, membranösen, radial gerippten (Fig. 12), seltener aus radial geordneten, luftführenden Zellen (Fig. 13) bestehenden Flügel und einer mittleren Zellgruppe gebildet, die bei nicht benetzten Blättern nur Luft zu enthalten scheint. Bei den übrigen Bromeliaceen ist die Differenzirung in Flügel und Mitteltheil nur sehr wenig ausgesprochen (Fig. 14).

Befeuchtet man eine dicht mit Schuppen besetzte Art, etwa Till. usneoides, T. recurvata oder T. Gardneri, so geht sofort die bisherige silbergraue Farbe der Pflanze in Reingrün über. Ein kleiner Wassertropfen, auf ein solches Blatt gelegt, verhält sich ganz ähnlich, wie auf Fliesspapier; er verschwindet in einigen Sekunden und hinterlässt einen dunklen Fleck. Diese Erscheinung zeigt uns, dass die Epidermis sehr benetzbar ist, sodass die Luft zwischen den Haaren schnell verdrängt wird, eine Eigenschaft, welche sonst stark behaarten Blättern nicht zukommt und den doch ganz ähnlich beschuppten Blättern vieler nicht epiphytischer Bromeliaceen vollständig fehlt.

Die ferneren Vorgänge können nur mit Hülfe des Mikroskopes verfolgt werden. **Da zeigt sich, dass die Zellen des Schildes sich mit Wasser füllen**, indem ihr gasförmiger Inhalt auf eine immer kleinere Blase reducirt wird und binnen einigen Sekunden bis einer Minute gänzlich schwindet.

Diese Erscheinungen machen es uns schon höchst wahrscheinlich, dass die Schuppe das Aufnahmeorgan für die wässerigen Nährstoffe darstelle. Verschiedene Versuche haben mir in der That gezeigt, **dass wässerige Lösungen überhaupt nur durch Vermittelung der Schuppenhaare in die Gewebe eindringen**. Wird ein Tropfen Kalilösung auf die Epidermis gelegt und nach wenigen Sekunden wieder abgewischt, so zeigt die Untersuchung der mit dem Reagens in Berührung gekommenen Stelle, dass rings um jede Schuppe der vorher farblose Inhalt der Epidermis schön goldgelb gefärbt ist, während derselbe in grösserer, je nach der Dauer des Versuchs wechselnder Entfernung unverändert geblieben ist. Hat die Einwirkung des Kali etwa eine halbe Minute gedauert, so sind in der Regel schon alle Epidermiszellen gefärbt. Die Eigenschaft, mit Kali gefärbt zu werden, kommt den Parenchymzellen nicht zu. Bei der in unseren Gewächshäusern häufig kultivirten Vriesea psittacina sind ganz gewöhnlich einzelne Epidermiszellen mit rothem Safte versehen; legt man auf die Epidermis einen Tropfen verdünntes Ammoniak, so sieht man die rothe Farbe zunächst in Blau, dann in Grün übergehen, und zwar um so schneller, als die Zelle einer Schuppe näher liegt. Die um die Schuppen befindlichen Zellen besitzen schon grasgrüne Farbe, während die entfernteren kaum einen Stich ins Violette zeigen. Setzt man auf das Blatt von Vriesea psittacina, Guzmannia tricolor, Brocchinia Plumieri oder anderer grüner, epiphytischer Bromeliaceen einen Tropfen sehr verdünnter Kochsalzlösung, so sieht man die Contraktion des Zellplasma zuerst rings um die Basis der Schuppen im Parenchym eintreten; dieser Versuch ist besonders wichtig, indem er uns das Eindringen der Flüssigkeit ohne Tödtung der Zellen zeigt. Eine Aufnahme von Anilinfarben in die lebenden Zellen wurde dagegen von mir, trotz wiederholter Versuche, nicht erzielt, was leicht erklärlich ist, da ich bei den untersuchten Bromeliaceenblättern Gerbstoff nicht gefunden habe.

Der anatomische Bau der Schuppenhaare steht mit der soeben nachgewiesenen Function völlig in Einklang. **Während die das Haar umgebenden Zellen der Epidermis und subepidermalen Schichten häufig sehr stark verdickt und stets cutinreich sind, sind sämmtliche Zellwände, die das Wasser, um in die tieferen Gewebe zu gelangen, zu passiren hat, ganz cutinfrei und in ihrer ganzen Ausdehnung entweder sehr dünn (Taf. III, Fig. 15), oder die unterste Zellwand des Haargebildes ist wohl etwas verdickt, aber sehr stark getüpfelt** (Fig. 15), während die umgebenden Zellwände weit dicker und viel weniger getüpfelt sind.

Der Bau der Schuppenhaare zeigt, nach den verschiedenen Arten, manche instructiven Unterschiede. Bei den längsdurchschnittenen Schuppen Fig. 13 und 15 fällt uns sofort die sehr ungleiche Entwickelung der obersten Zellwände, des Deckels, wie ich dieselben der Kürze halber bezeichnen will, auf. Dieser Deckel ist bei Arten mit eingesenkten Schuppenhaaren (z. B. Ortgiesia) und solchen, die feuchte, schattige Standorte bewohnen (z. B. Vriesea psittacina), dünn, bei Arten mit über die Oberfläche hervorragenden Haaren (z. B. T. usneoides, recurvata, Gardneri, stricta etc.) von bedeutender Dicke. Die Bedeutung des dicken Deckels wird uns bei Vergleichung luftführender mit wasserhaltigen Schuppen sofort klar; im ersteren Falle sind die dünnen Zellwände unter dem Deckel ganz eingeknickt, letzterer liegt daher dem lebenden Stieltheile beinahe unmittelbar auf; wird das Haar befeuchtet, so dehnen sich die bisher luftführenden Zellen aus und heben den Deckel in die Höhe. **Der dicke Deckel dient als Schutzmittel gegen Wasserverlust durch die unverkorkten Zellen der Durchgangsstelle, verhindert aber, dank dem eben erwähnten Blasebalgspiel, das Eindringen des Wassers nicht.** Wie vollkommen der Bau des Haars dieser Doppelfunction entspricht, lehrt ein Blick auf die Fig. 13, die keines Commentars bedarf. Da, wo die Haare eingesenkt, oder wo in Folge der Lebensweise an feuchten, schattigen Standorten ein Schutz gegen Wasserverlust nicht zu befürchten, ist der Deckel entsprechend dünner (Fig. 15).

Die soeben besprochene Doppelfunction dürfte den Schildhaaren epiphytischer Bromeliaceen überhaupt, wenigstens bei den Arten trockener Standorte, zukommen; auch die bei letzteren stets sehr ausgebildeten Flügel dürften wesentlich dazu beitragen, die Transpiration herabzudrücken. Damit in Einklang stände das Vorkommen der Haare an der ganzen Oberfläche bei der grossen Mehrzahl der Arten, die sonnige Standorte bewohnen, während sie bei den Schatten liebenden Arten, wo sie wesentlich nur die eine Function der Wasseraufnahme und sehr schmale Flügel besitzen, auf die Blattbasen beschränkt sind; ferner spricht dafür der Umstand, dass viele nicht epiphytische Bromeliaceen an ihrer Blattunterseite mit ganz ähnlichen, aber unbenetzbaren, sehr breit geflügelten Haaren dicht besetzt sind, während die Oberseite zuweilen (Pitcairnia-Arten) einzelne, ganz ähnliche, aber wasseraufnehmende Haare trägt.

Während jedoch die aufsaugende Function der Haare exact nachgewiesen werden konnte, erschien mir die schützende Function der Flügel einer experimentellen Beantwortung nicht fähig, indem ihre Entfernung kaum möglich sein dürfte. Es kann daher diese Function nicht als **definitiv** festgestellt betrachtet werden, so wahrscheinlich sie auch erscheint.

4. Mit voller Sicherheit haben wir festgestellt, dass die epiphytischen Bromeliaceen ihre wässerige Nahrung wesentlich nur durch die Blätter aufnehmen und dass sie sich dadurch ganz wesentlich von beinahe allen anderen Luftpflanzen unterscheiden. Es kann keinem Zweifel unterliegen, dass sich die epiphytischen Arten aus normal sich ernährenden Pflanzen entwickelt haben, wie sie unter den terrestrischen Vertretern der Familie bei weitem vorwiegen. **Es wird sich fragen, inwiefern die Aufnahme des Wassers durch die Blätter modificirend auf die Structur der Pflanze gewirkt hat.**

Unsere Betrachtungen können nicht an die Gesammtheit der epiphytischen Bromeliaceen gleichzeitig geknüpft werden; es müssen vielmehr die rosettenbildenden Arten, die rasenartigen und diejenigen mit langen Sprossen gesondert zur Behandlung kommen.

Rosetten bildende Bromeliaceen kommen sowohl unter den terrestrischen, wie unter den epiphytischen Arten vor und gehören systematisch zu den verschiedenartigsten Gruppen. Die zungenförmigen, bis vier Fuss langen Blätter entspringen einem meist kurzen und dicken, einfachen oder verzweigten Stamme. Die Blattbasen sind bei den Epiphyten an der Basis verbreitert und löffelartig ausgebaucht und bilden einen unten und seitlich, bis zu einer wechselnden Höhe, vollkommen dicht schliessenden Trichter, in welchem Regen- und Thauwasser sich aufsammelt. **Die Rosetten epiphytischer Bromeliaceen sind stets zu solchen Wasserreservoirs ausgebildet, während bei den terrestrischen die Blätter meist, ähnlich wie bei den Liliaceen, bis zur Basis schmal und durch Zwischenräume getrennt sind (Dyckia, Pitcairnia, Puya, Karatas, Bromelia e. p. etc.). Nur wenige terrestrische Formen, wie die Ananas, verhalten sich in dieser Hinsicht den Epiphyten gleich; in diesen Fällen sind aber auch**

bei terrestrischen Bromeliaceen die Blattbasen dicht mit absorbirenden Schuppen gepflastert, während, wo jene nicht zu einem dichten Trichter zusammenschliessen, die absorbirenden Schuppen ganz fehlen oder nur in sehr geringer Anzahl und ohne Bevorzugung der Basis auftreten.

An sonnigen Standorten wachsende kleinere Arten laufen die Gefahr, ihren Wasservorrath durch Verdunstung zu verlieren. Alle durch ihre Lebensweise einer solchen Gefahr ausgesetzten Arten sind mit entsprechenden Schutzmitteln versehen, die entweder darin bestehen, dass die »Cisterne« verdeckt oder beinahe ganz verschlossen wird, ohne dass der Zutritt des Wassers verhindert werde, oder darin, dass das Wasser vorwiegend im Innern des Blattes in einem mächtigen, durch dicke und verkorkte äussere Zellschichten gegen Verdunstung geschützten Wassergewebe aufgespeichert wird.

Der Schutz der Cisterne, der uns zunächst allein beschäftigen soll, besteht im einfachsten Falle darin, dass die löffelartig ausgebauchten Blattbasen sich über derselben biegen und eine Art Dach bilden (Catopsis, Ortgiesia tillandsioides). Bei Tillandsia flexuosa, einem Bewohner sehr trockener, sonniger Standorte, sind die Blattspitzen über dem Wasserreservoir genähert und schraubenartig umeinander gewunden, sodass letzteres dem direkten Sonnenlichte ganz entzogen und doch durch die langen, gewundenen Canäle dem Regen und Thau zugänglich ist. Die vollkommensten Schutzvorrichtungen finden wir aber bei der ebenfalls an sonnigen Standorten wachsenden Tillandsia bulbosa, die auf unserer Tafel IV abgebildet ist.

Die Blätter sind bei Tillandsia bulbosa an der scheidenartigen Basis löffelartig, während die Spreite cylindrisch ist, und zwar entweder rinnenartig mit engem Spalte oder rohrartig, indem die Blattränder bald einander dicht genähert sind, bald übereinander greifen. Die Spreite ist stets mehr oder weniger stark zurückgebogen und um ihre Axe gedreht. Die Scheiden bilden ein beinahe überall dicht schliessendes, zwiebelähnliches Gebilde, welches, da dieselben stark löffelartig ausgebaucht sind und einander nur mit den Rändern berühren, sehr grosse Hohlräume enthält, die sich nach oben in die Höhlung der rohrartigen Spreite fortsetzen und nur eine ganz enge Oeffnung nach aussen, an der Uebergangsstelle zwischen Scheide und Spreite, besitzen. Die peripherische Hälfte der rohrartigen Spreite besteht aus chlorophyllführendem Parenchym und einer sehr dünnen Lage Wassergewebes; die Innenseite hingegen ist ganz farblos und von äusserst zahlreichen, sehr grossen Schuppen, welche einer dicken Lage Wassergewebes eingesenkt sind, austapeziert. Die Scheide ist in der Jugend, soweit sie von den übrigen Blättern bedeckt ist, chlorophyllfrei, dünn, beiderseits von Schuppen bedeckt, welche an Grösse diejenigen der meisten anderen Arten übertreffen und so dicht gedrängt sind, dass die Epidermis auf schmale Streifen reducirt ist.

Die Pflanze entbehrt ganz des sonst bei den Rosetten epiphytischer Bromeliaceen sehr starken negativen Geotropismus. Sie kommt bald an der Ober-, bald an der Unterseite von Zweigen vor oder an senkrechten Stämmen und wächst in aufrechter, horizontaler oder verkehrter Richtung, ohne je die Spur einer geotropischen Krümmung zu zeigen. Die Zwiebeln enthalten in ihren inneren Hohlräumen stets Wasser, sowie erdige Stoffe und todte, kleine Insekten, während die äussersten wasserfrei sind und Ameisen beherbergen. Dass der wässerige Inhalt, auch bei verkehrter Lage, nicht herausfällt, bedarf keiner Erklärung, indem jede Kammer, mit Ausnahme der kleinen oberen Oeffnung, ringsum dicht schliesst; dagegen bedarf die Art und Weise, wie derselbe hineinkommt, einer kurzen Erläuterung. Lässt man Wassertropfen auf die Ränder der Spreite fallen, mögen dieselben nun einander decken oder nur genähert sein, so werden dieselben durch Capillarattraction gierig aufgesogen. Das Gleiche geschieht an den Randern der Scheiden und an der engen Oeffnung an der Basis der Spreite. Man kann auf diese Weise die Hohlräume in kurzer Zeit füllen, und das Gleiche findet in der Natur bei Regen und Thau statt. Hervorzuheben für die etwaige Wiederholung dieser Versuche sei, dass der erste Tropfen weniger schnell aufgenommen wird, wenn die Pflanze längere Zeit unbefeuchtet geblieben ist; die ältesten Blätter sind überhaupt schwer benetzbar und nehmen nur wenig Wasser auf. Auch bei verkehrter Lage gelangt nicht bloss durch direktes Befeuchten der Zwiebeln Wasser in dieselben hinein, vielmehr vermögen die, wie unser Bild zeigt, stark zurückgebogenen und um ihre Axe gedrehten Spreiten, bei jeder Lage Wasser aufzunehmen und eventuell bis in die Reservoirs der Zwiebel zu leiten. Die erdigen Stoffe, die sich stets im Wasser befinden, rühren von den geringen Mengen fester Stoffe her, welche durch den Regen von den Blättern und Zweigen des Wirthbaums abgewischt werden; ihren Stickstoffbedarf bezieht die Pflanze wohl auch aus den Leichen der Ameisen, die sich nicht damit begnügen, die trockenen peripherischen Hohlraume zu bewohnen, sondern auch, wie der Befund zeigt, verhängnissvolle Excursionen in die wasserhaltigen Raume ausführen. Als Eingangspforte dient den Ameisen natürlich die enge Oeffnung an der Basis der Spreite.

Die Blattbasen der rosettenbildenden epiphytischen Bromeliaceen haben für dieselben die physiologische Bedeutung von Wurzeln, während die Blattspitze die Rolle gewöhnlicher Laubblätter übernimmt; dieser ungleichen Bedeutung von Spitze und Basis entspricht ein sehr ungleicher anatomischer Bau.

Die Epidermis ist an der Spitze meist arm an Schildhaaren (ausgenommen bei Bewohnern sehr trockener Standorte) und mit zahlreichen Spaltöffnungen versehen, während die Blattbasis mit grossen Schildhaaren dicht gepflastert ist und der Spaltöffnungen ganz entbehrt. Die Ursachen dieser Unterschiede bedürfen keiner Erläuterung.

Die innere Wand der Epidermis und die Wände der subepidermalen Zellschichten sind häufig unten weit stärker verdickt als oben, derart, dass die Blattbasis hart und steif, die Spitze dagegen biegsam ist (Taf. III, Fig. 10 und 11). Bei relativ geringer Dicke so steife Blätter sind mir von anderen Pflanzen nicht bekannt und fehlen auch, soweit ich sie kenne, den nicht durch die Blätter sich ernährenden Bromeliaceen. Ein auffallender Gegensatz in dieser Hinsicht zwischen Basis und Spitze, zu Gunsten der ersteren, scheint bei ungestielten Blättern sonst nicht vorzukommen, sodass wir wohl **die grosse Steifheit der Blattbasen als Anpassung an den Ernährungsmodus betrachten müssen**. Solche Steifheit ist den Wasserreservoirs offenbar nöthig, um die oft grosse Menge Wasser und Humus festzuhalten.

Unter den verdickten subepidermalen Schichten befindet sich beiderseits oder nur an der ventralen Seite, sowohl unten wie oben, Wassergewebe; ich werde auf dasselbe nachher zurückkommen.

Das Mesophyll ist in der Blattspitze mit normalem Chlorophyllgehalt versehen, während es in der Basis des Chlorophylls beinahe ganz entbehrt und nur ein wenig grobkornige Stärke enthält. Im Mesophyll verlaufen meist längs des ganzen Blattes Stränge sehr lückenreichen Schwammparenchyms (Fig. 8 u. 9), die im Basaltheile des Blattes weit stärker entwickelt als oben sind. Ja, bei Hoplophytum Lindeni sind sie überhaupt nur im ersteren vorhanden (Fig. 10 u. 11). Ein Unterschied in dieser Hinsicht ist bei normal sich ernährenden Bromeliaceen nicht vorhanden und geht auch denjenigen mit wasserabsorbirenden Blättern ab, die äusserer Wasserspeicherung entbehren. **Wir müssen die starke Entwickelung der Luftlücken in der Blattbasis auf die aquatische Lebensweise der letzteren zurück führen.** Bei einigen Arten sind die Schwammparenchymstränge durch grosse Intercellulargänge ersetzt (Till. Gardneri, Taf. III, Fig. 6 u. 7).

Auf die Gefässbündel werde ich nachher zurückkommen. Die im Parenchym verlaufenden Faserstränge bieten nichts Erwähnenswerthes.

Die **rasenbildenden Bromeliaceen** sind namentlich durch Till. recurvata und ihre Verwandten (Untergattung Diaphoranthema) vertreten; in biologischer Beziehung bilden manche zu anderen Untergattungen gehörende Tillandsien eine Mittelstufe zwischen diesen und den Arten mit wassersammelnden Trichtern, nämlich schmalblätterige Arten wie T. stricta, deren Rosetten nur wenig Wasser zurückhalten können. Alle diese Formen unterscheiden sich von den vorher besprochenen wesentlich dadurch, dass sie mit Schuppenhaaren ganz bedeckt sind und ihr Wasser in einem stark entwickelten Wassergewebe aufspeichern. Es sind sämmtlich Bewohner trockener oder doch sehr freier Standorte; die Schmalblätterigkeit, das Aufsammeln des Wassers im Innern stehen mit letzterem Umstande in offenbarem Zusammenhang. Der Modus der Wasseraufnahme hat aber die äussere Gestalt dieser Pflanzen weniger modificirt als in den bisher besprochenen Fällen.

Die **langstengeligen Bromeliaceen** schliessen sich den rasenbildenden in Bezug auf die Vertheilung der Schuppen an, zeichnen sich vor denselben jedoch theilweise durch das Fehlen der Wurzeln aus, die in der ersten Jugend zu Grunde gehen.

Alle Arten ohne äusseres Wasserreservoir, oder bei welchen dasselbe schwach entwickelt ist (Till. stricta, Gardneri, bicolor, geminata etc.), sind im Inneren mit zahlreichen Wasserzellen versehen, die entweder zerstreut zwischen den grünen Zellen liegen (T. usneoides Fig. 16, Taf. III, recurvata etc.) oder ein mächtiges, zusammenhängendes Gewebe bilden (T. stricta, Gardneri Fig. 6 u. 7 etc.), das unten meist stärker entwickelt ist als oben. Die Blätter und Stengel solcher Arten zeigen eine andere, mit dem Modus der Wasseraufnahme zusammenhängende Eigenthümlichkeit in der auffallenden Reduction ihres Gefässsystems, während letzteres sonst gerade bei den Bewohnern trockener Standorte stark entwickelt ist. Am ausgeprägtesten ist die Reduction bei Till. usneoides, was um so auffallender ist, als bei langen Stengeln sonst gerade eine mächtige Entwickelung der wasserleitenden Elemente vorhanden ist; der frei in der Luft hängende Epiphyt verhält sich in dieser Hinsicht ganz wie eine Wasserpflanze.

Diejenigen epiphytischen Bromeliaceen, die Wasser in ihren Blattbasen aufsammeln, besitzen mehr normale Gefässstränge, und diese unterscheiden sich bei den terrestrischen Arten, die sich durch die Wurzeln ernähren, in keiner Weise von denjenigen anderer Monocotyledonen.

Es kann demnach keinem Zweifel unterliegen, dass die Wasseraufnahme durch die Blätter eine Reduction der Wasserleitungsbahnen bedingt hat, und zwar namentlich bei den Arten, deren Blätter und Stengel absorbirende Schuppen gleichmässig an ihrer ganzen Oberfläche tragen.

Die Siebtheile ganz beschuppter Arten sind offenbar als ebenfalls reducirt zu bezeichnen, obwohl weit weniger als die Gefässtheile, die sie an Dicke übertreffen. Diese Reduction ist, bei der über die Functionen des Siebtheils noch herrschenden Unsicherheit, biologisch schwer zu erklären; sollte letzterer bei der Leitung des Eiweisses oder anderer Assimilate betheiligt sein, so wird man wohl die Erscheinung auf die Herabsetzung des Stoffwechsels an sehr trockenen Standorten zurückführen müssen. Es ist das indessen nur eine vorläufige Hypothese.

Die Schuppenhaare kommen, wie schon erwähnt, nicht bloss bei Arten mit wasseraufnehmenden Blättern, sondern auch manchmal bei solchen, die sich in normaler Weise ernähren, vor. Bei diesen sind aber die Schuppen unbenetzbar und nur an der Rückenseite als dichter Ueberzug vorhanden. Die mikroskopische Untersuchung zeigt, dass alle Theile der Schuppen, die in den Arten mit abnormer Ernährung zur Aufnahme und Leitung des Wassers dienen, also das Mittelstück und der Basaltheil, bei den unbenetzbaren Schuppen kaum ausgebildet sind, während der Flügel mächtig entwickelt zu sein pflegt (Pitcairnia, Karatas etc.).

Die Gattung Pitcairnia ist dadurch von besonderem Interesse, dass sie den Uebergang zwischen normaler und abnormer Wasseraufnahme in mehreren Stufen darstellt. Manche Arten sind an der Unterseite mit unbenetzbaren Schuppen bedeckt, an der Oberfläche aber ganz unbehaart (P. undulata); bei anderen treten an der Oberfläche einzelne bis ziemlich zahlreiche absorbirende Schuppen auf (P. lepidota). **Die Localisirung der Schuppen an den Blattbasen tritt aber nur da auf, wo letztere zusammenschliessen oder doch stark löffelartig ausgebaucht sind.**

Letztere Erscheinung, sowie das Auftreten absorbirender Schuppen sind als erste Anpassungen an die Wasseraufnahme durch die Blätter zu betrachten, welche im Laufe der Zeit die Eigenschaften der verschiedenen Zellen des Haares mehr oder weniger tief modificirte, sodass aus den ursprünglich ganz kleinen mittleren Zellen der complicirte Absorptionsapparat einer Tillandsia recurvata oder Gardneri entstand.

Es geht aus dem Vorhergehenden zur Genüge hervor, welche tiefgreifende Veränderungen die Anpassungen vieler Bromeliaceen an Wasseraufnahme durch die Blatter in der Structur und Lebensweise des ganzen vegetativen Apparats der Pflanze hervorgerufen haben. Diese Unterschiede springen in grossen Sammlungen lebender Bromeliaceen, wie derjenigen des botanischen Gartens zu Lüttich, sofort in die Augen. Diejenigen Arten, die sich normal ernähren, besitzen einen sehr mannigfachen Bau; ihre meist sehr grossen Blätter erinnern bald an diejenigen der Agaven, bald an diejenigen von Yucca, bald an solche von Hemerocallis (Pitcairnia e. p.) mit verschmalerter Basis, oder bestehen aus einer grossen Spreite an dünnem langem Stiele (Pitc. undulata, Disteganthos) oder sind wirtelartig um einen hohen Stengel geordnet (Pepinia). Die stattlichen oder doch grossblätterigen Bromeliaceen, die ihr Wasser durch die Blätter aufnehmen, sind hingegen sämmtlich mit einer dichtschliessenden, trichterartigen Rosette versehen, die ihnen, trotzdem sie zu den verschiedenartigsten Gruppen gehoren, einen sehr gleichartigen Habitus verleiht; die Blattbasen innerhalb der Trichter zeigen sich stets mit aufnehmenden Schuppen dicht gepflastert.

Grössere habituelle Unterschiede zeigen sich unter den Epiphyten nur bei den kleinen Arten ohne äusseres Wasserreservoir, die, ganz mit absorbirenden Schuppen bedeckt, das aufgenommene Wasser im Innern ihrer Gewebe aufspeichern, um es vor Verdunstung zu schützen. Von der Nothwendigkeit, dicht schliessende Rosetten zu bilden, befreit, liessen sie anderen gestaltenden Einflüssen freien Spielraum. Die einen bilden einen dichten, grasartigen Rasen (Tillandsia, sect. Diaphoranthema), andere besitzen langgestreckte Sprosse (Till., sect. Anoplophytum); die rosettenbildende Till. Gardneri scheint, ähnlich wie T. bulbosa, aber aus anderem Grunde, des Geotropismus zu entbehren, und in Till. usneoides würde man kaum eine nahe Verwandte so vieler rosettenbildender Pflanzen vermuthen.

Der gestaltbildende Einfluss der Wasseraufnahme ist nicht auf die epiphytische Lebensweise allein zurückzuführen, indem wir, wie gesagt, bei terrestrischen Bromeliaceen alle möglichen Stufen zwischen den ersten Andeutungen dieser Eigenschaft und schon ziemlich vollkommenen Vorrichtungen zum Aufsammeln und Verwerthen des Wassers durch die Blätter finden. Allerdings scheint allein die Ananas in ihrer Structur und Lebensweise den epiphytisch lebenden Bromeliaceen nahe zu kommen.

5. Die Anpassungen an Wasseraufnahme durch die Blätter sind demnach als eine Ursache des Uebergangs vieler Bromeliaceen in die Genossenschaft der Epiphyten, nicht als eine Wirkung epiphytischer Lebensweise zu betrachten. Letztere hat aber diese so überaus zweckmässige, wenn auch nicht zu dem Zwecke erworbene Eigenschaft weiter ausgebildet, aus derselben die verschiedensten, den jeweiligen Existenzbedingungen entsprechenden Anpassungen entwickelt.

Der Versuch, genau ausführen zu wollen, was von den im Vorhergehenden beschriebenen Anpassungen erst in Folge der epiphytischen Lebensweise aufgetreten ist, würde alsbald in reine Phantasie ausarten. Zudem ist in Betracht zu ziehen, dass viele epiphytisch lebende Bromeliaceen sich auch an der Oberfläche von Felsen befestigen, die ihnen sehr ähnliche Existenzbedingungen, wie die Baumrinde, bieten, sodass beide Standorte gleichzeitig die Weiterausbildung der für solche Lebensweise nützlichen Eigenschaften beeinflussen konnten. Als ganz specielle Anpassungen an epiphytische Lebensweise können wir dagegen sicher das Verschwinden der Wurzeln bei Tillandsia usneoides, die grosse Reduction derselben bei Till. circinalis, die Vorrichtungen, durch welche diese und andere Arten sich an Baumzweigen befestigen, betrachten. Dass noch andere specielle

Anpassungen an epiphytische Lebensweise, die aufzudecken ich nicht im Stande war, existiren, geht aus dem Umstande hervor, dass viele Arten, namentlich unter den Tillandsieen, auf Felsen nicht, oder in abweichenden Varietäten (Till. recurvata var. saxicola HIER.) wachsen.

Dass der Antheil der epiphytischen Standorte an der Entwickelung der Anpassungen an Wasseraufsammeln grösser gewesen sei als derjenige der felsigen, geht mit Wahrscheinlichkeit daraus hervor, dass solche Vorrichtungen sich nur bei denjenigen Gattungen ausgebildet haben, deren Früchte oder Samen die zum Eintritt in die Genossenschaft der Epiphyten nöthigen Eigenschaften besassen, während die schon deshalb aus letzterer ausgeschlossenen Gattungen wohl meist in Felsspalten wachsen, wie Dyckia, Pitcairnia u. s. w., der Wasserreservoirs aber ganz entbehren und absorbirende Schuppen, wenn überhaupt, nur in geringer Anzahl besitzen; solche Arten sind aus diesem Grunde auch nicht, im Gegensatz zu so vielen ihrer Verwandten, im Stande, an der Oberfläche der Felsen, aus deren Spalten sie entspringen, zu wachsen, von welcher sie der Bau ihrer Früchte und Samen doch nicht, wie von den Bäumen, ausschliessen würde.

Ein vorwiegender Einfluss der epiphytischen Lebensweise auf die Entwickelungen der Anpassungen an Wasseraufnahme durch die Blätter erscheint auch aus dem Grunde nicht unwahrscheinlich, weil die eigentlichen felsigen und steinigen Gebiete Amerikas entweder viel zu regenarm sind, um oberirdische offene Wasserreservoirs zu ernähren, oder zu kalt, um den Bromeliaceen überhaupt die Existenz zu gestatten; letztere sind dementsprechend in den trockenen, steinigen Gebieten der Westküste beinahe sämmtlich Arten mit normaler Ernährung (Puya, Hechtia, Greigia, Pitcairnia etc.), und die wenigen, bei welchen auch dort die Blätter die Function von Wurzeln verrichten, sind besonders resistente Einwanderer der Waldgebiete, ohne oder nur mit sehr schwach entwickeltem äusseren Wasserreservoir, aber mit reichlichem Wassergewebe. Die äusseren Wasserbehälter zeigen sich dagegen bei Hunderten von Arten der feuchten Waldgebiete, wo Regen und Thau, auch in der trockenen Jahreszeit, stets hinreichend vorhanden sind, um dieselben zu ernähren; in diesen Waldgebieten ist aber das oberflächliche Felsenareal im Vergleich zu demjenigen der Baumrinde verschwindend klein.

VI. Schlussbetrachtungen.

Die Epiphyten sind ganz besonders geeignet, als Illustration der allmählichen Vervollkommnung von Anpassungen zu dienen. Auf manche epiphytisch vorkommenden Gewächse hat die Lebensweise auf Bäumen keinen Einfluss ausgeübt; hierher gehören ziemlich zahlreiche Arten, die im Stande, sich auf dem Boden zu behaupten, nur deshalb auch gelegentlich auf Bäumen vorkommen, weil zufällig ihre Eigenschaften den Anforderungen epiphytischer Lebensweise genügen. Es sei nur an Polypodium vulgare erinnert, dessen Sporen von dem Winde leicht auf die Bäume getragen werden, dessen kriechendes Rhizom mit seinen zahlreichen Wurzeln zur Ausnützung des Substrats vortrefflich geeignet ist und dessen Blätter ohne Schaden einen ziemlich beträchtlichen Wasserverlust ertragen können. Dank solchen günstigen Eigenschaften kommt dieser in den temperirten und subtropischen Ländern der nördlichen Hemisphäre allgemein verbreitete und überall häufige Farn in einigen Gebieten, wo die später zu besprechenden klimatischen Bedingungen der epiphytischen Lebensweise sehr günstig sind, auf Bäumen vor, jedoch nur im Schatten und auf rissiger Rinde.

Unsere erste Gruppe enthält eine Anzahl Pflanzen, die sich im selben Falle befinden, wie Polyp. vulgare. Andere dagegen haben in Folge der epiphytischen Lebensweise mehr oder weniger tiefgreifende Structuränderungen erlitten, durch welche sie in den Stand gesetzt wurden, das Substrat besser auszunutzen und den Gefahren des Austrocknens besser zu trotzen. Manche dieser Anpassungen gleichen denjenigen, die wir bei Bewohnern trockener Standorte überhaupt zu finden pflegen; andere sind sehr eigenartig, so namentlich bei Orchideen und Araceen, unter welchen sich die am vollkommensten angepassten Formen der ersten Gruppe befinden.

Das Streben nach mehr Nahrung, namentlich mehr Wasser, als auf der Rinde vorhanden, hat an ursprünglich nur auf Kosten der Ueberzüge der Rinde sich ernährenden Epiphyten zwei Reihen von Anpassungen hervorgerufen, deren niederste Stufen das Gepräge des Zufälligen und Unvollkommenen, wenn auch schon Vortheilhaften tragen, während die am meisten entwickelten Vorrichtungen stattlichen Gewächsen das Gedeihen auf hohen Baumästen gestatten. Als vollkommenste Vertreter der zweiten Gruppe sind die Clusia-Arten zu nennen, mit ihren eisernen Ringen ähnlichen Haftwurzeln und ungeheuer langen, grosslumigen Nährwurzeln, während die vollendetste Ausbildung in der dritten Gruppe uns in Anthurium Hügelii mit seinem humussammelnden Blatttrichter und seinen negativ geotropischen Nährwurzeln, namentlich aber in den Farnen mit Nischenblättern entgegentritt.

Die Epiphyten, welche wir zu unserer vierten Gruppe rechnen, knüpfen sich nicht, wie diejenigen der zweiten und dritten, unmittelbar an die erste Gruppe an, sondern sind direkt aus terrestrischen Gewächsen hervorgegangen, deren Blätter in wenig ausgeprägtem Maasse bereits Vorrichtungen zur Verwerthung der atmosphärischen Niederschläge besassen. Auch diese

Vorrichtungen haben durch die epiphytische Lebensweise eine weitgehende Züchtung erfahren, welche endlich zu solchen extremen Formen, wie Tillandsia circinalis, T. usneoides und T. bulbosa führte.

Dasjenige System von Organen, das bei den Epiphyten am meisten modificirt wurde, ist begreiflicherweise dasjenige der Wurzeln. Die Wurzeln, welche sich sonst, anderen Organen gegenüber, durch ihre Gleichartigkeit auszeichnen, zeigen bei den Epiphyten die mannigfachsten Adaptationen. Sie besitzen häufig (Orchideen, Aroideen) eigenartige, bei anderen Pflanzen nicht existirende Vorrichtungen zur Verwerthung von Regen und Thau. Die sonst in derselben Wurzel vereinigten Functionen der Befestigung am Substrat und der Aufnahme der Nährstoffe sind oft auf verschiedene Glieder des Wurzelsystems vertheilt, die dementsprechend, mit ganz verschiedenen Eigenschaften versehen sind. Je nach Bedürfniss sind sie positiv oder negativ oder gar nicht geotropisch, lang und einfach oder kurz und stark verzweigt, mit beschränktem oder unbeschränktem Längenwachsthum versehen, cylindrisch oder abgeplattet und blattartig. Sie übernehmen bei Aëranthus-Arten sämmtliche vegetative Functionen, während sie bei Tillandsia usneoides auf unbedeutende, früh verschwindende Anhängsel reducirt werden.

Nächst den Wurzeln haben die Blätter die meisten Adaptationen aufzuweisen. In den einfachsten Fällen beschränken sich diese auf Vorrichtungen, wie wir sie bei Bewohnern trockener Standorte überhaupt finden; in anderen ist der Einfluss der epiphytischen Lebensweise scharf ausgeprägt, so bei den Nischenblättern vieler Farne, den Ascidien von Dischidia, namentlich aber bei den Bromeliaceen, welche eine neue und augffallende Illustration des Satzes bilden, dass morphologisch ungleichwerthige Organe, wenn sie ähnliche Functionen unter ähnlichen äusseren Bedingungen verrichten, auch ähnliche Eigenschaften annehmen.

Die Blätter der Bromeliaceen müssen nämlich, gleich den Luftwurzeln der Orchideen und Araceen, im Stande sein, das auf sie fallende Wasser rasch aufzunehmen, und doch gegen Wasserverlust geschützt sein, da sie nicht, wie gewöhnliche Wurzeln, im Boden verborgen sind. Die Structurverhältnisse sind bei den Blättern der Bromeliaceen und den Luftwurzeln der Orchideen, soweit sie auf den Einfluss der äusseren Bedingungen zurückzuführen sind, in der That ganz gleichartig. Die Oberfläche ist von bei trockenem Wetter luftführenden Cellulosezellen eingenommen, die jeden auf sie fallenden Wassertropfen gierig aufsaugen. Der einzige Unterschied ist, dass bei den Luftwurzeln die Aufnahmezellen ein zusammenhängendes Gewebe darstellen, während sie bei den Bromeliaceenblättern einen dichten Haarüberzug bilden. Unter dem absorbirenden Mantel befindet sich eine stark cuticularisirte, aber mit engen, nicht cuticularisirten Durchgangsstellen für das Wasser versehene Zellschicht, die Endodermis bei den Orchideen-Luftwurzeln, die Epidermis bei den Bromeliaceenblättern. Die nicht cuticularisirten Zellen sind überall dünnwandig und plasmareich.

Die Functionen der Wasseraufnahme und der Kohlenstoffassimilation sind bei den meisten epiphytischen Orchideen und Bromeliaceen noch in der Hauptsache auf ungleiche Pflanzentheile vertheilt, wenn auch eine so vollkommene Differenzirung, wie bei ihren terrestrischen Verwandten, beinahe nirgends vorhanden ist. Bei den Orchideen zeigt sich vielfach die Neigung, den Wurzeln auch die Function der Kohlenstoffassimilation zu übertragen, während andererseits bei vielen Bromeliaceen die Differenzirung des Blatts in einen wasseraufnehmenden und einen laubartigen Theil nicht vorhanden ist. Dieses Streben nach Reduction und Vereinfachung zeigt sich begreiflicherweise am meisten bei Arten ausgeprägt, die sehr ungünstige Standorte bewohnen, und hat Extreme hervorgebracht, welche zu den eigenartigsten Beweisen des vorhin erwähnten Satzes zu rechnen sind, nämlich einerseits in gewissen Arten der Gattung Aëranthus, namentlich A. funalis und A. filiformis, andererseits in Tillandsia usneoides.

Die erwähnten Aëranthus-Arten bestehen beinahe nur aus Wurzeln, die Tillandsia entbehrt der Wurzeln gänzlich, und doch ist die Aehnlichkeit in der Lebensweise, im Habitus, namentlich aber im inneren Bau eine ganz auffallende. Aëranthen und Tillandsia hängen von Baumästen herab, haben eine grau-grüne Farbe, saugen wie Löschpapier jeden Wassertropfen auf. Sie sind von einem Mantel von Aufnahmezellen bedeckt, zwischen welchen die Pneumatoden (Spaltöffnungen bezw. »weisse Streifen«) sich befinden. Die Epidermis bezw. Endodermis ist stark cuticularisirt und mit engen, nicht cuticularisirten Durchgangsstellen versehen. Unter der schützenden Schicht befindet sich grünes Gewebe, in welchem Wasserzellen zerstreut liegen. Die Mitte ist, der hängenden Lebensweise entsprechend, von einem sehr festen Strange von Sklerenchymfasern eingenommen, in welchem das äusserst reducirte Leitgewebe eingeschlossen ist.

Wären nur solche Fälle extremer Anpassung, wie wir sie bei Aëranthus- und Tillandsia-Arten kennen lernten, vorhanden, so würde es kaum möglich erscheinen, dieselben auf allmähliche Veränderung ursprünglich normal gestalteter und normal sich ernährender Bodengewächse zurückzuführen. Thatsächlich sind aber alle Stufen der Anpassung noch vorhanden; die spärlichen Absorptionsschuppen terrestrischer Pitcairnia-Arten, die kaum angedeutete Velamenbildung bei vielen terrestrischen und epiphytischen Araceen, stellen die Anfangsstufe dar; zwischen diesen und den vollkommensten Anpassungen sind noch alle möglichen Uebergangsstufen vorhanden, die sämmtlich den jeweiligen Existenzbedingungen entsprechen.

III. Ueber die Vertheilung der epiphytisehen Pflanzenarten innerhalb ihrer Verbreitungsbezirke.

1. Aehnlich wie bei uns ein einziger Baum oft zahlreiche verschiedene Arten von Moosen und Flechten trägt, sind auch die Bäume des tropisch-amerikanischen Waldgebiets, wenn ihre Rinde als Substrat für Epiphyten geeignet ist, gewöhnlich mit sehr mannigfachen Phanerogamen und Farnen geschmückt. Welche Arten zusammenwachsen, ist nur bis zu einem gewissen Grade durch den Zufall bedingt. Bei genauerem Bekanntwerden mit der atmosphärischen Vegetation eines Gebiets wird man sich vielmehr bald überzeugen, dass die Epiphyten, ganz ähnlich wie Bodenpflanzen, verschiedene kleinere Gesellschaften bilden, die nach den jeweiligen äusseren Bedingungen den Raum behaupten und wiederum zergliedert werden können.

2. Die Factoren, welche in erster Linie für die Gliederung der epiphytischen Vegetation in kleinere Gesellschaften maassgebend sind, sind **das Licht und namentlich die Feuchtigkeit**. Der grosse Unterschied der epiphytischen Vegetation im Urwaldsschatten einerseits, auf den Savannen andererseits, ist nur durch Unterschiede in der Intensität der Beleuchtung und des Wassergehalts der Luft bedingt. Licht, feuchte Luft, reichliche Thaubildung, häufige Regengüsse stellen die wesentlichen Bedingungen eines üppigen epiphytischen Pflanzenlebens dar, und wo sie sich in hohem Grade vereinigt finden, wie in gelichteten Bergurwäldern, in den Galleriewäldern grosser Flüsse, zeigt sich die epiphytische Vegetation in vollster Pracht und grösstem Formenreichthum.

Das Lichtbedürfniss treibt im dichten Urwald die Epiphyten nach den höheren Baumästen, sodass derselbe meist arm an diesen Gewächsen zu sein scheint, während er in Wirklichkeit eine ausserordentlich üppige und formenreiche atmosphärische Vegetation ernährt, die sich unten nur durch tauartige Luftwurzeln, abgelöste Blüthen und Früchte oder unter der Last der sie überwuchernden Pflanzen abgebrochene Baumzweige verräth. Die Stämme und die unteren Aeste tragen nur wenige schattenliebende Arten, namentlich Hymenophylleen und andere Farne, Lycopodien, zarte Peperomien, grüne Bromeliaceen (Arten von Vriesea, Nidularium etc.) und knollenlose, meist dünnblätterige Orchideen (Zygopetalum etc.). Daneben findet man vielfach kümmerliche, nicht blühende Exemplare der auf den obersten Aesten prangenden Arten. Sobald in Folge von Fällungen das Licht in die Tiefe des Urwalds Zutritt erhält, breitet sich die bisher auf den oberen Aesten angehäufte Vegetation auch auf den Stamm aus und bedeckt den Baum bis zu seiner Basis mit einer blumenreichen Hülle der wunderbarsten und mannigfachsten Pflanzenformen.

Die epiphytische Vegetation der Bäume der Savannenwälder und anderer trockener Standorte ist meist weniger üppig und formenreich als diejenige des Urwalds und bei oberflächlicher Betrachtung von letzterer durchaus verschieden. Sie verdankt ihren eigenthümlichen Character den bis aufs äusserste getriebenen Schutzmitteln gegen Austrocknen; dickblätterige, wenig belaubte Orchideen, graue Bromeliaceen (Tillandsia), Rhipsalis Cassytha und andere Cacteen, kleine lederartige Polypodium-Arten bilden die wesentlichsten Elemente der Epiphytenflora der Savannen im ganzen tropischen und subtropischen Amerika.

Man wird im Urwald lange vergeblich nach den Epiphytenarten der Savannen suchen, und dennoch sind sie in demselben vorhanden, sogar theilweise sehr gemein. Um sie zu finden, muss man allerdings nicht blos den Stamm und die dickeren Aeste, sondern die ganze Krone des Baumes untersuchen können, wozu ich in Blumenau in Waldschlägen, sog. Roça's, häufig Gelegenheit hatte.

Während der Stamm, soweit wenigstens, als er sich im Walddunkel befindet, nur spärliche und wenig mannigfache Epiphyten trägt, sind seine Aeste mit einem dichten Rasen von Bromeliaceen, Orchideen, Farnen, Aroideen, Peperomien, Gesneraceen bedeckt, und darunter befinden sich zahlreiche Arten, die wir im Waldschatten vergeblich suchen würden. Nähere Betrachtung zeigt bald, dass auch innerhalb der Krone Unterschiede vorhanden sind. Die Vegetation der dickeren Aeste, jedoch nicht der untersten, ist die formenreichste und üppigste; hier wachsen die Riesen unter den Epiphyten, sowie eine Fülle von meist mit Scheinknollen versehenen Orchideen; neben diesen befinden sich, jedoch nur in geringer Anzahl, **Formen, die auch auf Savannenbäumen vorkommen**. Dieser letztere, zuerst untergeordnete Bestandtheil wird nach oben zu mit der Zunahme des Lichtes vorherrschend, **und die Endzweige der Baumkrone sind von denselben grauen Tillandsien, den dickblatterigen, meist knollenlosen Orchideen und lederigen Polypodien wie Stamm und Aeste der Savannenbäume überwuchert**.

Die etagenmässige Gliederung der epiphytischen Vegetation des Urwalds ist natürlich nicht in der Art schematisch aufzufassen, dass bei bestimmter Höhe die reine Schattenflora in diejenige des Halbschattens und diese wiederum in diejenige des direkten Sonnenlichtes übergehe. Eine solche Regelmässigkeit existirt nicht. Baume mit sehr dichtem Laube entbehren der Sonnenepiphyten beinahe gänzlich, wahrend letztere bei Bäumen, die ihr Laub periodisch abwerfen, schon auf den dickeren Aesten vorherrschend sein können. Besonders zahlreich sind die Sonnenepiphyten auf den Riesen des Urwalds, deren Kronen die umgebenden Bäume »wie die Kuppeln und

Dome das übrige Gemäuer einer Stadt« überragen und daher wohl auch als hauptsächliche Bildungsstätten derselben zu betrachten sind.

3. Licht und Feuchtigkeit sind für die Vertheilung der Bodenpflanzen von kaum geringerer Wichtigkeit als für die Epiphyten und bedingen beinahe ebenso grosse Unterschiede, als diejenigen, die wir für die Epiphytenflora der Wälder und die der Savannen oder für die Etagen des Urwalds kennen lernten. Ausser diesen beiden Factoren sind für die Gliederung der Pflanzendecke innerhalb der Vegetationsgebiete die physikalische und die chemische Beschaffenheit des Bodens von grosser Wichtigkeit. Dieselben kommen für die Epiphyten natürlich nicht in Betracht; dagegen ist ihnen **der Einfluss vergleichbar, den die physikalische (und chemische?) Beschaffenheit der Rinde ausübt**. Während aber die Eigenschaften des Bodens vielfach für grössere Landstriche wesentlich gleich bleiben, besitzen die tropisch-amerikanischen Wälder eine so bunte Zusammensetzung, dass die Epiphytengesellschaften mit jedem Schritt wechseln würden, wenn die Existenzbedingungen nicht bei vielen der Baumarten wesentlich die gleichen wären.

Zunächst ist es klar, dass für die meisten Epiphyten eine rissige Rinde ein besseres Substrat bilden wird als eine glatte. Die Ansprüche, welche die verschiedenen Epiphyten in dieser Hinsicht stellen, sind sehr ungleich. Am genügsamsten sind die Bromeliaceen, welche auch auf spiegelglatter Oberfläche üppig zu gedeihen vermögen, indem sie sich durch Ausscheidung eines resistenten Kitts überall befestigen und bei ihrem Ernährungsmodus für die Aufnahme des Wassers und der Nährsalze von ihrem Substrat ganz unabhängig sind. Als Beispiele für das erstaunliche Accommodationsvermögen dieser Pflanzen seien einige der von mir beobachteten Standorte derselben erwähnt. Sie wachsen z. B. häufig auf mastähnlichen Palmstämmen (Oreodoxa regia, Euterpe etc.), auf den gleichsam glasirten Endzweigen von Bambusa; ich fand sie auch auf den Stacheln einer Palme (Acrocomia lasiospatha), auf der Epidermis der jüngsten Zweige von Cereus-Arten, auf den Blättern anderer Bromeliaceen. Kleinere Pflanzen habe ich auch auf den dünnen, krautigen Zweigen von Rhipsalis Cassytha, auf den Luftwurzeln von Vanilla und, häufig, in den aufgesprungenen Kapseln der Mutterpflanzen beobachtet. Auch die Orchideen vermögen auf völlig glatter Oberfläche, sogar auf Blättern zu leben; sie bringen es aber dabei, da sie, mit Ausnahme derjenigen der dritten Gruppe, von den Nährstoffen der Rinde abhängig sind, die sich nur in Rissen und im Moose etwas reichlich anhäufen, nie zu üppigem Wachsthum.

Die ausserordentliche Anpassung der Bromeliaceen an epiphytische Lebensweise verleiht ihnen die gleiche Bedeutung, wie bei uns den Flechten, als Vorläufern der Vegetation. Sie sind die zuerst erscheinenden Epiphyten und bereiten das Substrat für solche Pflanzen, die erst bei etwas grösseren

Mengen von Nährstoffen und Feuchtigkeit gedeihen können. Ihr Wurzelsystem ist dazu vortrefflich geeignet; die Glieder desselben sterben zwar frühzeitig ab, sind aber nichtsdestoweniger äusserst fest und dauerhaft, mit Ausnahme der Aussenrinde, aus welcher, sowie aus den allmählich durch Wind, Regen und Insekten und von der faulenden Sprossbasis herunterfallenden geringen Mengen fremder Stoffe in den Interstitien des Wurzelsystems ein Substrat bereitet wird, auf welchem andere Epiphyten üppig zu gedeihen vermögen.

Die Wurzelkörper und Stammbasen grösserer Bromeliaceen (z. B. Brocchinia Plumieri auf Dominica, Aechmea-Arten) sind vielfach von einer Menge der verschiedensten Epiphyten überwuchert. Auf Dominica scheint Clusia rosea beinahe nur in diesen Wurzelgeflechten ihren Ursprung zu nehmen; sogar an schon baumartig gewordenen Exemplaren derselben kann man vielfach noch die Ueberreste der Brocchinia erkennen, zwischen deren Wurzeln der Same gekeimt ist. Eine sehr auffallende Erscheinung bilden zuweilen mastähnliche Palmstämme, an welchen eine Gruppe verschiedenartiger Epiphyten befestigt ist, aus deren Mitte sich die Bromeliacee erhebt, die ihnen das Gedeihen ermöglicht. Auch in ihren Blattbasen ernähren die Bromeliaceen nicht selten verschiedenartige Pflanzen, welche allerdings, wohl in Folge zu grosser Feuchtigkeit, meist früh zu Grunde gehen; wir haben aber in der Utricularia nelumbifolia der Orgelgebirge eine Art kennen gelernt, welche in denselben zu üppiger Entwickelung gelangt.

Die meisten Epiphyten vermögen nicht auf so glatter Rinde, wie die Bromeliaceen, zu gedeihen. Zu den sehr genügsamen gehören kleine Farne und Peperomien, deren haardünne Wurzeln in kaum sichtbare Risse eindringen. Andere Arten hingegen bewohnen nur die tief zerklüftete, bemooste Borke alter Bäume, z. B. manche grössere Farnarten (in Westindien Polypodium aureum, P. neriifolium, Asplenium exaltatum etc.), die meisten Dicotyledonen und diejenigen Araceen, die auf niederer Stufe der Anpassung verblieben sind, wie Anthurium dominicense und viele andere Arten derselben Gattung. Manche dieser Pflanzen (z. B. Columnea scandens, Vittaria lineata, Psychotria parasitica) bewohnen gerne die Luftwurzeln anderer Epiphyten, sei es diejenigen der Bromeliaceen, oder von Anthurium Hügelii, Oncidium altissimum etc. Die epiphytischen Utricularien Westindiens gedeihen nur in Moospolstern, Psilotum triquetrum in den Gabelungen alter Bäume.

Baumarten mit sehr rissiger Borke bieten einer grösseren Anzahl verschiedener Epiphyten ein geeignetes Substrat, als solche mit glatter Oberfläche. Am meisten verschont verbleiben jedoch diejenigen Bäume, deren Borke, ähnlich wie bei den Platanen, schuppenförmig abfällt, z. B. im süd-brasilianischen Urwald viele Myrtaceen (wohl Eugenia- und Myrcia-

Arten); nur ein Farn (Nephrolepis sp.) zeigte sich unter solchen Umständen fähig, den Raum zu behaupten, indem seine äusserst dünnen und langen Stolone den Stamm spinngewebsartig umgeben und so stets einige feste Haftpunkte behalten.

In manchen Fällen ist die Ursache der grossen Bevorzugung oder Verschmähung gewisser Bäume ziemlich unklar. So nehmen die Calebassenbäume (Crescentia Cujete) unter allen anderen mir bekannten Bäumen des tropischen Amerika, in Bezug auf den Reichthum ihrer epiphytischen Vegetation, sowohl was die Zahl der Arten als der Individuen betrifft, bei weitem den ersten Rang ein. Dieselben sind, namentlich in der Nähe des Waldes, in der Regel von einer Fülle der verschiedenartigsten Epiphyten bedeckt, namentlich von Orchideen; aber auch, wo die äusseren Bedingungen für epiphytisches Pflanzenleben sonst wenig günstig und andere Bäume völlig verschont sind, wird man oft auf den Calebassenbäumen die verschiedenartigsten Pflanzen in üppigen Exemplaren finden und nach der Untersuchung derselben sich gewöhnlich den Besuch der umgebenden Bäume ersparen können, indem die ganze atmosphärische Flora der Nachbarschaft auf ihren Aesten vertreten ist und manche Orchideen, z. B. Aëranthus funalis, Epidendrum non chinense etc., sich beinahe nur da befinden. Die Ursache dieser Bevorzugung der Crescentien scheint theilweise in der Beschaffenheit des Korks zu liegen, der sich durch grosse Weichheit und Dicke, sowie schwammartige Beschaffenheit auszeichnet, sodass die Wurzelhaare leicht in denselben dringen können. Diese Eigenschaft ist den westindischen Gartenfreunden wohl bekannt, und dieselben gebrauchen daher vielfach Calebassenzweige als Substrat für epiphytische Culturen[16].

Während der Calebassenbaum die verschiedenartigsten Gewächse trägt, zeichnet sich eine auf Trinidad und in Venezuela häufige Palme (Manicaria sp.?) aus durch die Constanz und Eigenartigkeit der nur aus wenigen Arten bestehenden Genossenschaft von Epiphyten, die sie in ihren persistirenden Blattbasen ernährt. Neben einem nicht epiphytischen, kletternden Philodendron, dessen Adventivwurzeln das reiche Substrat durchwuchern, wachsen auf dieser Palme beinahe stets mehrere Farne, namentlich Polypodium aureum und Aspidium (Nephrolepis) sesquipedale, sehr häufig auch Aspidium nodosum und Vittaria lineata. Aspidium sesquipedale kommt auf Trinidad und dem von mir besuchten Theil von Venezuela, soweit meine Beobachtungen reichen, nur in den Blattbasen von Palmen vor; auf grossen Strecken (z. B. in dem dünnen Wald zwischen Arima und Aripo auf Trinidad) wird man kaum einen Stamm genannter Palme sehen, der nicht mit den schlanken, einfach gefiederten Wedeln des Farnes geschmückt wäre; letztere entspringen in Rosetten aus dünnen Stolonen, welche von einer Blattbase zur anderen kriechen und nur in dem feuchten Humus derselben Sprosse und Wurzeln erzeugen. Auf Dominica wächst Aspidium sesquipedale in den Lichtungen feuchter Bergwälder auf allen möglichen bemoosten Bäumen, auf faulenden Stämmen und auf dem Boden.

Durch persistirende Blattbasen beschuppte Palmen sind überhaupt, im tropischen und subtropischen Amerika, vielfach von grossen epiphytischen Farnen bedeckt. Anetium citrifolium scheint auf Jamaica nur solche zu bewohnen. In Ost-Florida fand ich Sabal Palmetto häufig, wie Manicaria auf Trinidad, mit Polypodium aureum und Vittaria lineata geschmückt, und in Süd-Florida scheint das merkwürdige Ophioglossum palmatum nur da zu wachsen. Aehnliches sah ich vielfach bei Blumenau, wo der am gewöhnlichsten auf Palmen wachsende Farn eine der auf den Palmen Trinidads wachsenden sehr ähnliche Nephrolepis ist.

Die Palmen mit persistirenden Blattbasen tragen nach dem Gesagten eine sehr eigenartige, durch das Vorherrschen grosser Farne ausgezeichnete Vegetation; zwei der letzteren, Aspidium sesquipedale und A. nodosum, sind sogar auf Trinidad auf Palmen beschränkt, während auf Dominica die erstere auch sonst epiphytisch und als Bodenpflanze vorkommt, und die zweite, nach GRISEBACH, auf Jamaica faulende Stämme bewohnt. Die Ursache dieses ungleichen Verhaltens auf verschiedenen Inseln dürfte, für A. sesquipedale wenigstens, in klimatischen Unterschieden zu suchen sein; genannter Farn dürfte auf dem eine ziemlich trockene Jahreszeit besitzenden Trinidad wohl nur in den Blattstielbasen von Palmen das tiefe und feuchte, humusreiche Substrat finden, dessen er neben viel Licht bedarf, während auf den Bergen von Dominica, wo es beinahe täglich regnet, die zu seinem Gedeihen nöthigen Bedingungen auch an anderen Standorten verwirklicht sind.

Eine noch mehr charakteristische, obwohl wiederum wesentlich aus Farnen bestehende epiphytische Flora zeichnet, im ganzen tropischen Amerika, die **Baumfarne** aus. Vorwiegend sind auf denselben die Hymenophyllaceen, von welchen wenigstens eine Art nur auf Baumfarnen vorkommt, nämlich Trichomanes sinuosum, das ich in Süd-Brasilien und auf den Bergen von Trinidad in Westindien, wo es überaus häufig ist, nie anderswo gefunden habe; ich habe sogar in den Wäldern des Mt. Tocuche auf Trinidad den schlingenden Stamm eines lianenartigen Farns von dem Epiphyten bedeckt gesehen, während der stützende Baum desselben ganz entbehrte. Auch auf Jamaica wächst Trichomanes sinuosum und, wie es scheint, Tr. trichoideum nur auf Farnen. In Sta. Catharina fehlte Trichom. sinuosum selten auf den Baumfarnen feuchter Schluchten; mit ihm wuchs sehr gewöhnlich das zarte Trichomanes tenerum, das manchmal, wenn auch seltener, auf anderen Bäumen wächst, und zwei Asplenien, von welchen das eine, ein überaus zierlicher, hängender Farn, auf der rissigen Rinde noch anderer Waldbäume verbreitet war. Endlich wächst, wie mir Herr Dr. FRITZ MÜLLER mittheilte, ein schönes Zygopetalum auch ausschliesslich nur auf diesen Stämmen.

Die genannten Epiphyten der Baumfarne bewohnen vornehmlich die Luftwurzelmassen, welche den Stamm der letzteren bekanntlich theilweise oder ganz umhüllen und sehr häufig als Substrat für epiphytische Culturen Verwendung finden. Wie zu erwarten, ist diese Eigenschaft der Baumfarne, von gewissen Epiphyten sehr bevorzugt zu werden oder ihnen sogar als einziger Standort zu dienen, nicht auf Amerika beschränkt. So gibt HOOKER die Stämme von Baumfarnen als Standort des Hymenophyllum rarum in Neu-Seeland an, wo auch Tmesipteris Forsteri dieselben bevorzugt.

Eine so ausgeprägte Anpassung an eine bestimmte Baumart, wie wir sie soeben für einige Epiphyten der Baumfarne kennen lernten, scheint sonst nicht vorzukommen, da auch Epidendrum conopseum AIT., die einzige epiphytische Orchidee nördlich von Florida, nicht bloss, wie es vielfach behauptet wird, auf Magnolien, sondern auch zuweilen auf anderen Bäumen vorkommt. Die Ursache der Bevorzugung der Magnolien ist nicht ermittelt.

Ausser der Beschaffenheit der Rinde wirkt auch die Belaubung auf Reichthum und Zusammensetzung der epiphytischen Flora der einzelnen Baumarten, indem dieselbe mehr oder weniger dicht, immergrün oder nur periodisch vorhanden sein kann. Wir kommen hiermit auf den schon vorher geschilderten Einfluss des Lichtes zurück. Begreiflicherweise entbehren auf Savannen dicht belaubte Bäume der Epiphyten beinahe gänzlich, da die in schattigen Wäldern gedeihenden Arten hohe Ansprüche an Luftfeuchtigkeit stellen. So sah ich auf den westindischen Inseln den Mangobaum, dessen dunkles Laub dasjenige aller unserer europäischen Baume an Dichtigkeit übertrifft und sogar von Vögeln vermieden wird, von Epiphyten ganz verschont, während er bei Rio de Janeiro, wo er nur unvollkommen gedeiht und dünner belaubt ist, solche vielfach reichlich trägt. Vermieden sah ich auch Terminalia Catappa, den Brodbaum (Artocarpus incisa), die Tamarinde etc. Viel von Epiphyten bewohnt sind, ausser den schon erwähnten Calebassenbäumen, die dank der schlanken Gestalt ihrer Zweige auch möglichst günstige Beleuchtung bieten und eine reichere Flora als irgend welche anderen Baume tragen, namentlich Caesalpinieen mit flachschirmförmiger Krone und sehr durchsichtigem Laube (Caesalpinia- und Cassia-Arten), die sogenannten Immortellbäume (Erythrina umbrosa), die auf Trinidad zum Schutz der Cacao-Pflanzungen cultivirt werden, die riesigen Feigenbäume Süd-Brasiliens, letztere nicht bloss weil sie über die benachbarten Bäume wachsen, sondern auch weil sie ihr Laub im Winter ganz verlieren, endlich Cedrela-Arten, deren durchsichtiges Laub ebenfalls einem periodischen Wechsel unterliegt, ohne dass allerdings vollständige Kahlheit je eintrete.

4. Die die epiphytische Genossenschaft bildenden Gewächse gehören theilweise derselben ausschliesslich an, theilweise können sie auch an anderen Standorten auftreten. Immer jedoch ist die epiphytische Vegetation von der Umgebung scharf abgegrenzt.

Der Unterschied zwischen epiphytischer und terrestrischer Vegetation ist am grössten in den Savannen, wo beiden gemeinsame Arten vollständig fehlen; er ist weniger ausgesprochen im Urwald und doch auch da so gross, dass man sich erst bei genauerem Studium von der Anwesenheit einer Anzahl gleichzeitig terrestrisch und epiphytisch wachsender Arten überzeugt. Farne des Bodens zeigen sich im Walde vielfach auch auf den Stämmen; Carludovica Plumieri, die in den dunkelen Urwäldern der kleinen Antillen so häufig an den Bäumen klettert, keimt bald im Boden, bald auf der Rinde. Aehnliches gilt von verschiedenen kletternden Arten von Anthurium (z. B. Anth. palmatum) und Philodendron, während andere Arten derselben Gattungen nie auf dem Boden des Urwalds wachsen; andererseits aber sind viele zur ersten Gruppe gehörige Anthurium-Arten mehr Bodenpflanzen als Epiphyten und gedeihen nur bei reichem Substrat auf Bäumen. Dasselbe gilt von verschiedenen Sträuchern und Bäumen. **Die gemeinsamen Arten sind aber ausschliesslich solche, die die tiefste oder ausnahmsweise auch die mittlere der drei Etagen, die wir in der epiphytischen Vegetation des Urwalds unterschieden haben, bewohnen. Die Epiphyten der oberen Aeste kommen nie als terrestrische Pflanzen vor, und umgekehrt wachsen nie Bodenpflanzen des Urwalds auf den Gipfeln der Bäume.**

Mehr verwischt ist der Unterschied zwischen terrestrischer und epiphytischer Vegetation in den dünnen Wäldern hoher Gebirgsregionen; auf dem Kamm der Serra Gerál in Sta. Catharina, auf der Serra do Picú (in der Serra de Mantiqueira) fand ich die gleichen, wenig zahlreichen Bromeliaceenarten auf dem Boden und den Baumästen. Die merkwürdige Erscheinung hätte ein eingehenderes Studium verdient, das ich ihr, aus Mangel an Zeit, nicht widmen konnte.

Eine weit grössere Aehnlichkeit als zwischen der epiphytischen und der terrestrischen Vegetation besteht, wie es bereits früher hervorgehoben wurde, zwischen ersterer und derjenigen der Felsen, die in den Tropen nicht bloss, wie bei uns, in ihren tiefen, Erde gefüllten Spalten, sondern auch an ihrer Oberfläche mit phanerogamischen und farnartigen Pflanzen geschmückt sind und daher ein ganz anderes Aussehen bieten, als unsere nur Moos und Flechten tragenden Felsen.

Eine grosse Anzahl Pflanzenarten, die sehr häufig als Epiphyten vorkommen, sind ebenso gewöhnliche Bewohner der Felsen, auf welchen sie sich in ähnlicher Weise befestigen und ernähren, ähnliche Ansprüche an

Licht und Feuchtigkeit erheben, wie auf Baumrinde. Hierher gehören Vertreter der verschiedensten Familien, Farne, Bromeliaceen (namentlich Arten von Aechmea), Orchideen, Araceen, Cactaceen etc. Trotz dieser auf ähnlichen Existenzbedingungen beruhenden Uebereinstimmung der rupestren und der epiphytischen Genossenschaft können beide doch durchaus nicht vereinigt werden, da jede hinreichend zahlreiche eigenthümliche Elemente enthält, um ihr charakteristisches Gepräge zu besitzen.

Die wichtigste Charakterpflanze der epiphytischen Genossenschaft ist zweifellos Tillandsia usneoides, deren Lebensweise mit anderen Existenzbedingungen ganz unvereinbar erscheint und die ich in der That nur auf Bäumen gesehen habe. Jedermann, der das tropische oder subtropische Amerika je besucht hat, kennt dieses wunderbare, bartflechtenähnliche Gewächs, dessen zuweilen über sechs Fuss lange Schweife an den Spitzen der Baumzweige aufgehängt sind und in kühleren Gegenden oft einen grauen Schleier um die Krone bilden, der nur an wenigen Stellen vom grünen Laube durchbrochen ist (Taf. II). Aehnliche höchst charakteristische, aber viel weniger verbreitete Epiphyten sind Tillandsia circinalis und myosuroides, atmosphärische Kletterpflanzen Argentiniens, deren Blattspitzen sich um dünne Baumäste einrollen und auf diese Weise den langen Sprossen den nöthigen Halt geben (Taf. V).

Noch andere, wenn auch nicht alle Bromeliaceen der Epiphytengenossenschaft sind für letztere charakteristisch, so die Mehrzahl der Tillandsien der kleinen Antillen und Venezuelas. Es ist keine Rinde so glatt, dass eine Colonie von Tillandsia-Arten (z. B. T. utriculata, flexuosa, recurvata, pulchella) auf derselben nicht gedeihen könnte, sogar in trockener, sonniger Lage, während diese Gewächse auf Felsen oder überhaupt auf nicht pflanzlicher Unterlage sehr selten oder gar nicht vorkommen. In auffallendster Weise zeigte sich mir einerseits die erstaunliche Genügsamkeit der Tillandsieen, andererseits ihre einseitige Anpassung in den Llanos, am Fuss der Küsten-Cordillere von Venezuela[17]. Der Weg ging viele Meilen lang durch dünne Wälder von Caesalpinieen und Mimoseen, die, da es die trockene Jahreszeit war, beinahe oder ganz des Laubes entbehrten und von einem säulenartigen Cereus untermischt waren; das Gras unter den Bäumen war vertrocknet, auf den Baumästen dagegen prangte eine üppige Vegetation von Savannenepiphyten, die ganz frisch erschienen und theilweise in Blüthe waren, so namentlich Tillandsia flexuosa, T. compressa, T. pulchella, T. recurvata (auf Bergabhängen vorherrschend), stellenweise T. usneoides, Aechmea-Arten und untergeordnet Oncidium Cebolleta, Jonopsis utricularioides (eine Orchidee mit fleischigen Blättern und äusserst zarten, lilafarbigen Blüthen), Cereus triangularis, seltener Macrochordium melananthum. Der Boden war häufig felsig oder steinig und trug dann häufig einige der auf den Bäumen gedeihenden Arten: Cereus triangularis, Macrochordium melananthum und das Oncidium. Nur ein einziges Mal dagegen, in einer Felsspalte, fand ich ausser den erwähnten Gewächsen einige Exemplare einer Tillandsia; dieselben waren höchstens 2 cm hoch und ganz vertrocknet, sodass sie in meinen Fingern zu Staub zerfielen. Alle Bäume schienen dagegen den Tillandsien gut zu sein; ja sogar die Cereus-Säulen und die ganz glatten Zweige des epiphytischen Cereus triangularis wurden von ihnen nicht verschmäht.

Es sind nicht alle Bromeliaceen so exclusive Epiphyten als die genannten, welchen sich noch andere Arten, z. B. Caraguata lingulata, Guzmannia tricolor, Brocchinia Plumieri anzuschliessen scheinen. Die Aechmea-Arten, welche einer Unterfamilie angehören, die viele exclusive Bodenbewohner zählt, sind vielfach ebenso häufig auf Felsen, wie auf Bäumen, z. B. in Sta. Catharina. Aehnliches gilt aber auch von gewissen Tillandsien, z. B. der glänzend weissen Till. Gardneri, die auf der Insel Sta. Catharina gleichzeitig zu den häufigsten Gliedern der Epiphyten- und der Felsengenossenschaft gehört.

Sehr auffallende und charakteristische Glieder der Epiphytengenossenschaft sind ferner Anthurium Hügelii und die Mehrzahl der Baumwürger (scotch attorney, span. matapalo, portug. matapáo).

Die Felsenflora nimmt in den tieferen, von Urwald bedeckten Regionen tropischer Gegenden ein weit geringeres Areal ein, als die epiphytische, sodass ein genauerer Vergleich beider häufig schwierig ist. Jedenfalls zeigt sie im Schatten und an der Sonne ähnliche Unterschiede wie die letztere. An Felswänden im Walde findet man namentlich Farne (vorzugsweise Hymenophylleen), Lycopodien. Gesneraceen, Peperomien, grüne Bromeliaceen, die theils der rupestren Vegetation eigen, theils derselben mit der epiphytischen gemeinsam sind. Begonien kommen in Westindien und Brasilien häufig auf Felsen, aber nie als Epiphyten vor; ich spreche natürlich nicht von den kletternden Arten, die, im Boden bewurzelt, häufig an Bäumen heranwachsen. Unter den charakteristischen und häufigen Felsbewohnern Westindiens und Brasiliens seien u. a. Pitcairnia angustifolia und andere Arten derselben Gattung, Isoloma hirsutum und zahlreiche andere Gesneraceen, Selaginellen, Pilea microphylla erwähnt. Die Flora sonniger, trockener Felsen habe ich nur in Brasilien kennen gelernt, z. B. auf der Insel Sta. Catharina. Starre Bromeliaceen (namentlich Aechmea-Arten), Cactaceen (u. a. Rhipsalis Cassytha) und einige wenige dickblätterige Orchideen (namentlich Cattleya bicolor) verleihen der Vegetation dieser Felsen eine grosse Aehnlichkeit mit derjenigen der benachbarten Bäume, auf welchen, neben ausschliesslichen Epiphyten, wie Tillandsia usneoides und recurvata, die gleichen Arten wie auf den Felsen wuchsen.

Der Unterschied zwischen der epiphytischen und der rupestren Vegetation in Amerika beruht indessen nicht bloss auf der Anwesenheit charakteristischer Pflanzenarten in jeder derselben. Die Epiphytengenossenschaft ist nicht bloss reicher an letzteren als die rupestre, sie ist auch viel schärfer gegen andere Genossenschaften abgegrenzt und trägt daher ein viel eigenartigeres Gepräge.

Die Ursachen dieses Unterschieds sind theilweise nicht schwer zu errathen; sie gehen aus einem genaueren Vergleich der nicht epiphytisch vorkommenden Felsenbewohner mit den Epiphyten hervor. Wir haben gesehen, dass Pitcairnia- und Dyckia-Arten ganz gewöhnlich auf Felsen, aber nie auf Bäumen, selbst nicht in humusreicheren Spalten der Rinde, vorkommen. Es wäre in der That schwer für diese Pflanzen, auf Bäume überzugehen, indem die Samen von Pitcairnia einen nur unvollkommenen Flugapparat besitzen, diejenigen von Dyckia dagegen allerdings mit einem breiten Flügel versehen sind, der jedoch nur zum Flug, aber nicht zur Befestigung an der Rinde geeignet ist. Diejenigen Gesneraceen, die auf Felsen, aber nicht epiphytisch wachsen, befinden sich in ähnlicher Lage; ihre Samen entbehren jeder Mittel, auf die Bäume zu gelangen, während diejenigen der epiphytischen Arten entweder in Beeren enthalten sind oder geeignete Flug- und Haftapparate besitzen. Aehnliches gilt von den auf Felsen so häufigen Selaginellen, Begonien, Pilea etc.

Auf solche Weise lässt sich sowohl das Fehlen vieler Felsenpflanzen auf Bäumen, als auch die grössere Uebereinstimmung zwischen der Flora der Felsen und derjenigen gewöhnlichen Bodens als zwischen der letzteren und der epiphytischen, zum grossen Theile erklären. Der epiphytischen Genossenschaft fehlt ein wichtiger Verbreitungsmodus der Samen, das Wasser; ihre Samen sind in dieser Hinsicht ganz auf Vögel und Wind angewiesen und müssen zudem noch in ganz bestimmter Weise beschaffen sein, um auf der Rinde gedeihen zu können. Diese Schwierigkeiten gehen den Felsen ganz ab. Das Wasser rieselt über ihre Oberfläche, in ihre Spalten, alle möglichen Samen terrestrischer und epiphytischer Gewächse mit sich schleppend, die zur Entwickelung gelangen, wo sie nur ein passendes Substrat finden; ein ebenfalls buntes Samengemisch wird den Felsen durch den Wind und die Thiere zugeführt. Auf diese Weise kommt es, dass in tiefen Felsspalten ganz dieselben Pflanzen, wie auf gewöhnlichem Boden, gedeihen, während sich sonst epiphytisch wachsende Gewächse an der Steinoberfläche, ganz ähnlich wie an der Baumrinde, ansiedeln; die Flora der Felsen würde in den Tropen ein Mittelding zwischen der epiphytischen und der terrestrischen darstellen, wenn sie nicht ausser diesen Bestandtheilen noch eine Anzahl Arten enthielte, die durch den Kampf ums Dasein von fruchtbareren Standorten ausgeschlossen werden, und denen der Bau ihrer Samen und Früchte auf Bäume überzugehen nicht gestattet.

5. Die in diesem und den vorigen Kapiteln über die Eigenthümlichkeit der Epiphyten, über die Beziehungen der Flora der Baumrinde zu derjenigen anderer Substrate, berechtigen uns wohl unzweifelhaft, die Genossenschaft der Epiphyten als eine der am besten charakterisirten zu bezeichnen. Die Existenzbedingungen sind denjenigen, die auf Felsen herrschen, ähnlich, daher manche Uebereinstimmung in den Anpassungen und mancher gegenseitige Austausch. Die epiphytische Genossenschaft hat aber ein weit eigenartigeres Gepräge als die rupestre, bedingt theils durch das starke Zurücktreten auf gewöhnlichem Boden wachsender Arten, theils durch die Ausbildung extremer, in auffallendster Weise an den eigenthümlichen Lebensmodus angepasster Formen, wie z. B. Clusia rosea mit ihren Greifwurzeln und Anthurium Hügelii mit den eigenthümlichen Vorrichtungen zum Aufsammeln und Verwerthen der von der Baumkrone herabfallenden Nährstoffe, Tillandsia circinalis mit ihren Greifblättern, namentlich aber Tillandsia usneoides, dieser im wahren Sinne des Wortes atmosphärischen Pflanze, die sich von den atmosphärischen Niederschlägen ernährt und deren Zweige, durch den Wind oder Vögel von Baum zu Baum getragen, ohne Unterbrechung ihre luftige Existenz fortsetzen. Es dürfte allerdings vorkommen, dass die eine oder die andere dieser Charakterpflanzen unter günstigen Bedingungen auf dem Boden keime und sich weiter entwickele; für Clusia rosea habe ich es selber constatirt. Die Anwesenheit von Eigenthümlichkeiten, die in engstem Zusammenhang mit der atmosphärischen Lebensweise zusammenhängen, zeigt jedoch zur Genüge, dass man es in solchen Fällen nur mit Flüchtlingen aus der Epiphytengenossenschaft zu thun hat; so sieht die erwähnte Clusia, wenn sie selbständig auf dem Boden wächst, geradezu hülflos aus mit ihren frei in der Luft wachsenden oder gar die eigenen Aeste erwürgenden Haftwurzeln.

IV. Ueber die geographische Verbreitung der Epiphyten in Amerika.

1. Durchschnittlich haben die Glieder der epiphytischen Genossenschaft grössere Areale als terrestrische Pflanzenarten, ohne jedoch im Allgemeinen so ausgedehnte Verbreitungsbezirke, wie Wasser- und Strandpflanzen, aufzuweisen. Die bedeutende Grösse der Areale vieler epiphytischer Gewächse ist keineswegs durch ihre Lebensweise bedingt worden, die im Gegentheil, wie in diesem Kapitel gezeigt werden soll, viel eher hemmend als fördernd auf die Verbreitung wirkt. Dass so viele epiphytische Gewächse weit entlegene Gebiete gleichzeitig bewohnen, beruht ausschliesslich darauf, dass ihre Samen an Verbreitung durch Wind und Vögel ausgezeichnet angepasst sind, worin, wie wir es im ersten Kapitel zeigten, nicht eine Wirkung, sondern eine der Ursachen der epiphytischen Lebensweise zu erblicken ist.

Die Epiphyten, die gleichzeitig die westliche und die östliche Hemisphäre bewohnen, sind relativ zahlreich, so namentlich unter den Farnen (verschiedene Hymenophylleen, Vittaria lineata, Polypodium incanum etc.), Lycopodiaceen (Lycopod. Phlegmaria, Psilotrum triquetrum etc.), aber, in einzelnen Fallen, auch bei Familien, deren Arten gewöhnlich enger begrenzte Areale besitzen. So wächst Bolbophyllum recurvum in Sierra Leone und Brasilien[18], Rhipsalis Cassytha als einzige Cactee auch in der östlichen tropischen Zone (in Süd-Afrika, auf Mauritius und Ceylon, nach BENTH. und HOOKER).

Sehr gross ist die Anzahl der epiphytischen Pflanzenarten, die den tropisch-amerikanischen Urwald in seiner ganzen Ausdehnung bewohnen, und manche Arten überschreiten gleichzeitig nach Norden und Süden die tropische Zone (incl. Süd-Brasilien), so Tillandsia usneoides, die von Virginien (35° N. Br.) bis Argentinien und Chile verbreitet ist, Till. recurvata (von Florida bis Argentinien) etc.

Es soll aber keineswegs verschwiegen werden, dass auch unter den Epiphyten endemische Arten nicht fehlen. Solche findet man namentlich bei den Orchideen, wo jedoch der Endemismus bei den terrestrischen Arten noch weit mehr ausgesprochen ist, als bei den epiphytischen, von welchen viele Arten, wie Isochilus linearis, Dichaea echinocarpa etc., sehr verbreitet sind. Die auffallendsten mir bekannten Fälle von Endemismus ausserhalb der Orchideen sind die monotypische Vaccinieengattung Findlaya auf Trinidad, wo ich sie übrigens umsonst suchte, die ebenfalls monotypischen Rubiaceengattungen Ravnia, Xerococcus und Ophryococcus in Costa-Rica und die kleine Utricularia Schimperi auf Dominica. Da die Epiphyten vielfach nur auf den Gipfeln hoher Bäume vorkommen, dürfte bei denselben mehr als bei Bodenpflanzen der Endemismus späteren Forschungen weichen.

2. Trotz der bedeutenden Grösse der Areale vieler derselben sind die Pflanzenarten, die die atmosphärische Vegetation zusammensetzen, in den verschiedenen Gebieten des tropisch-amerikanischen Waldes zum Theil nicht die gleichen. Dennoch haben wir die verschiedenartigen Anpassungen der Epiphyten an ihre Lebensweise, sogar die Gliederung der atmosphärischen Pllanzenwelt in kleinere Gemeinschaften ohne jede Rücksicht auf geographische Verbreitung behandelt; nur hier und da wurde kurz auf eine Localität hingewiesen, wo die eine oder die andere Erscheinung in besonders auffallender Weise zum Vorschein kommt. Diese Vernachlässigung geographischer Daten geschah absichtlich, **indem die epiphytische Flora im ganzen Umfange des tropisch-amerikanischen Urwalds, trotz der Artenunterschiede, doch einen sehr gleichmässigen systematischen und physiognomischen Charakter trägt**. Ihre hauptsächlichsten Bestandtheile sind überall Bromeliaceen, vorwiegend Tillandsieen, deren grüne Arten beinahe, wenn auch nicht ganz, ausschliesslich schattige Standorte bewohnen, während die stark beschuppten und daher grau oder weiss erscheinenden sich auf den höchsten Aesten der Urwaldbäume im vollen Lichte entwickeln oder die dünnen Wälder der Savannen schmücken. Nach den Tillandsieen sind die Aechmea-Arten, trotz der geringen Anzahl ihrer Arten (nach der WITTMACK'schen Begrenzung), wohl die gewöhnlichsten und mit die autfallendsten unter den Epiphyten. Dank ihren mächtigen, in verschiedenen Farben leuchtenden Inflorescenzen, ihren farbigen Früchten, bilden sie die grösste Zierde der amerikanischen Epiphytengenossenschaft. Die übrigen Bromeliaceengattungen sind weniger allgemein verbreitet. Die in unseren Gewächshäusern so viel cultivirte Gattung Bilbergia ist mir nur zweimal begegnet, Nidularium kenne ich nur aus Brasilien, die Arten von Bromelia sind meist, diejenigen von Ananas, Dyckia, Puya, Hechtia u. a. m. stets terrestrisch.

Araceen, Orchideen, Farne liefern, nach den Bromeliaceen, das Contingent der Epiphytengenossenschaft. Erstere sind formenreich, auf zwei Gattungen (Philodendron und Anthurium) beschränkt; ihre Arten sind aber theilweise sehr gemein und durch mächtige Dimensionen ausgezeichnet.

Die epiphytischen Orchideen übertreffen an Artenzahl nicht bloss die Araceen, sondern auch die Bromeliaceen bei weitem; sie sind aber meist klein und unscheinbar. Vorherrschend sind unter ihnen Arten der ungeheuren, nur amerikanischen Gattung Pleurothallis, deren beschriebene Formen 400 übertreffen, und der noch grösseren, ebenfalls rein amerikanischen Gattung Epidendrum, erstere sehr gleichförmig und meist auf hohen Aesten rasenbildend, letztere habituell sehr mannigfach, aber, wie die Pleurothallis-

Arten, meist mit unscheinbaren Blüthen; die gross- oder schönblüthigen Formen sind entweder selten oder treten nur vereinzelt auf, oder haben eine kurze Blüthezeit. An Farbenpracht treten die Orchideen vor den Bromeliaceen sehr zurück[19].

Auffallender und habituell mannigfacher als die Orchideen sind die Farne. Man findet sie überall; die Wäldbäume sind meist von unten nach oben mit ihren zahlreichen Formen geziert. Die im tiefen Schatten verborgene Basis des Stamms ist von einer leichten Krause von Hymenophylleen umhüllt, die an Durchsichtigkeit, an feiner Zertheilung ihres Laubs zuweilen den zartesten Moosen gleichkommen (z. B. Trichom. tenerum, trichoideum). Höher am Stamme wachsen oft sehr zierliche Asplenien, dickblätterige, einfache Acrostichen, schmalblätterige Vittarien, auch mächtige Formen, wie die trichterförmigen Rosetten des Asplenium serratum; von den Aesten hängen die oft über 6 Fuss langen, tief gezackten Bändern ähnlichen Fronden von Nephrolepis-Arten herunter. Der dichte Rasen auf den Aesten verbirgt eine Menge grösserer und kleinerer Polypodien, und die obersten Zweige haben ihre eigenen Formen, kleine, kriechende, zungenblätterige Polypodium-Arten, die auch auf den Savannenbäumen häufig sind (P. vaccinioides, serpens etc.). Nächst den genannten Familien nehmen kleine, meist kriechende Peperomien, verschiedene Gesneraceen (Columnea, Codonanthe etc.), Cactaceen (Rhipsalis Cassytha u. a. Rhipsalideen, verschiedene Cereus-Arten) den grössten Antheil an der atmosphärischen Flora. Bei der Untersuchung eines grösseren Waldbaums wird man nur ganz ausnahmsweise Vertreter der genannten Familien vermissen.

Die übrigen Epiphyten, namentlich die dicotylen Sträucher und Bäume, treten mit Ausnahme von Clusia und den Feigenbäumen zurück und beeinflussen daher in der Regel nicht wesentlich die Physiognomie der epiphytischen Vegetation.

Aehnlichkeiten und Unterschiede der atmosphärischen Flora des tropisch-amerikanischen Urwalds werden am besten aus einer kurzen Schilderung der diesbezüglichen Verhältnisse an einigen weit voneinander gelegenen Punkten hervorgehen.

Zunächst sei die epiphytische Vegetation der Umgebung von Port-of-Spain auf Trinidad (11° N. B.) als Beispiel eines ungefähr äquatorial gelegenen Punktes gewählt. Die Flora der Insel stimmt mit derjenigen des benachbarten Guyana beinahe ganz überein. Dichte Urwälder bedeckten sie früher, die im Westen zum grossen Theil der Zuckerrohrcultur geopfert worden sind. Auf den Bergen sind es dunkele, feuchte Wälder, deren Unterholz schwach entwickelt ist und wesentlich aus Baumfarnen besteht; in der Ebene ist das Unterholz sehr dicht und durch die stacheligen Stämme einer rotangartigen Palme

(Desmoncus major) bis zu gänzlicher Undurchdringlichkeit verwoben. In den Bergurwäldern erscheint, dem tiefen Schatten entsprechend, die epiphytische Vegetation sehr arm, da die Baumgipfel, auf welchen die atmosphärischen Gewächse angehäuft sind, sich im undurchdringlichen Laubgewölbe dem Blicke entziehen; die Stämme tragen doch einige stattliche Formen, so die kletternde Carludovica Plumieri, das riesige Anthurium Hügelii und das ihm im Wuchs ähnliche Asplenium serratum, die beide die von oben in ihre Blatttrichter fallenden todten Blätter und Zweige aufsammeln. Hier und da wachsen grüne Tillandsieen (Vriesea, Caraguata), Farne, namentlich Hymenophylleen, kriechen auf der Rinde mit zarten Peperomien. Zwischen den Stämmen hängen zahlreiche Luftwurzeln, die sich bei genauerem Untersuchen theils als zu Clusia (Cl. rosea), theils als zu Aroideen (Philodendron-, Anthurium-Arten) gehörig zu erkennen geben, deren Ursprung aber im Laubdach verborgen ist. Zuweilen zeugt auch ein kleiner, abgefallener Baumzweig mit grauen Tillandsien oder dickblätterigen Orchideen von der Anwesenheit einer ganz abweichenden Epiphytenflora hoch oben am Lichte.

Treten wir aus dem Wald in eine Cacaopflanzung, so stellen sich Epiphyten sofort in weit grösserer Menge ein, jedoch nicht so sehr auf den Cacaobäumen selbst, als auf den weit höheren Erythrinen, die zu ihrem Schutz gepflanzt worden sind. Diese Bäume sind von den mannigfachsten Epiphyten bedeckt. Philodendron, theils kurzstämmig mit riesiger Blattrosette, theils kletternd, Clusia rosea, verschiedene grosse Aechmea-Arten, Marcgraviaceen (Norantea), Gesneraceen, Rhipsalis Cassytha und andere Cactaceen, zuweilen das prächtige Oncidium Papilio sind am Stamme und den dicken Aesten befestigt; Tillandsien, kleine Farne und Orchideen (Pleurothallis, Epidendrum) umhüllen die dünnen Aeste, an deren Spitzen vielfach die dünnen Bärte von Tillandsia usneoides aufgehängt sind. Nähern wir uns der Stadt durch die Allee, welche durch die sogenannte Savanne zum botanischen Garten und nach St. Anns führt, so finden wir, namentlich auf den schirmartigen Caesalpinien und dem knorrigen Haematoxylon campechianum, zahlreiche Vertreter der Savannenflora, graue Tillandsien (T. utriculata, flexuosa, compressa), einige Cacteen, spärliche dickblätterige Orchideen (Oncidium Cebolleta, einige Epidendren), kleine, kriechende Farne, namentlich das braun geschuppte Polypod. incanum, das bei trockenem Wetter ganz zusammenschrumpft, um sich beim ersten Regen wieder auszubreiten.

An Trinidad scheint sich, soweit meine Beobachtungen reichen, der Waldstreifen der benachbarten Küste des Continents durchaus anzuschliessen; ich fand daselbst genau die gleichen Arten. Vergleichen wir damit hingegen die zum westindischen Vegetationsgebiet gehörige Insel Dominica (16° N. B.), so zeigen sich, jedoch erst bei genauerer Betrachtung, einige Unterschiede. Eine Anzahl Arten sind wohl die gleichen, die Gattungen sind es zum grössten Theil, der Gesammtcharakter daher derselbe; es fehlen aber einzelne der häufigsten südamerikanischen Formen, so Rhipsalis Cassytha, während ein paar neue dicotyledonische Sträucher und Bäume auftreten (Psychotria parasitica, Blakea laurifolia, Symphysia guadelupensis, Marcgravia spiciflora etc.).

Versetzen wir uns endlich nach dem anderen Ende des tropisch-amerikanischen Urwalds, nach Blumenau (27° S. B.), so finden wir, 43° südlich von Dominica, doch die gleichen Typen wieder. Wesentlich neue Formen treten uns nur in geringer Zahl entgegen und sind meist vereinzelt. Die Orchideen sind wohl etwas zahlreicher, die Araceen etwas weniger häufig als in Westindien; der Gesammtcharakter ist aber doch nahezu der gleiche. Das Laubgewölbe des südbrasilianischen Küstenwaldes ist weniger gleichmässig dicht als dasjenige der Bergurwälder von Trinidad und namentlich Dominica, das Unterholz daher massig entwickelt, die Epiphyten zeigen sich an den Stämmen, da, wo sich diese frei aus dem Unterholz hervorheben, in etwas grösserer Zahl und Mannigfaltigkeit. Wie auf den Antillen, gehören grüne Bromeliaceen zu den häufigeren Vertretern der Schattenflora; die häufigste unter ihnen ist eine Vriesea, aus deren lebhaft rothen, zweizeiligen Bracteen nur eine einzige gelbe Blüthe auf einmal hervorbricht, um am folgenden Tage wieder zu welken; in trockenen, hellen Wäldern ist diese Vriesea durch die kleinere, in Europa viel cultivirte V. psittacina ersetzt. Die erwähnte Vriesea ist beinahe stets von anderen Bromeliaceen begleitet, namentlich von dem gelbblühenden Macrochordium luteum, dem Nidularium Innocentii, dessen feuerrothe Bracteen feuchten Detritus umgeben, aus welchem weisse Blüthen sich erheben, wenn sie nicht in der Knospe verderben. Von den dickeren Aesten hängen die schmalen Blätter einer Varietät des genannten Nidularium, dessen Blüthen noch häufiger als bei der typischen Art in dem von den Bracteen aufgesammelten Unrath zu Grunde gehen. Die epiphytische Schattenflora enthält neben den Bromeliaceen noch manche andere häufige Form. Die Basen der Stämme sind von einem Rasen von Hymenophyllaceen umhüllt; nach oben zeigen sich andere Farne, kleine Asplenien, Acrostichen. Zarte Peperomien kriechen auf der Rinde, vielfach begleitet von einer gelbblüthigen Octomeria mit cylindrischen Blättern, einer zierlichen, kleinen Stelis, einer weissblüthigen, dickblätterigen Gesneracee (Codonanthe Devosii), den langen, hängenden Sprossen einer nadelblätterigen Hexisea und einer einem riesigen Lebermoos gleichenden Dichaea (D. echinocarpe), die nur an der Basis durch einige Wurzeln befestigt sind. Dicken Drähten gleich ziehen senkrecht durch die Luft die Nährwurzeln hoch auf den Aesten nistender Philodendren, während diejenigen der Baumwürger (Ceiba Rivieri, verschiedene Feigenbäume und Coussapoa Schottii) oft über Armsdicke besitzen und dem Wirthbaum dicht angeschmiegt und durch horizontale Haftwurzeln befestigt sind oder, sich vom Stamme trennend, dicke Stelzen darstellen. Zur Zeit meiner Ankunft (September) war der Boden unter den Bäumen, die die Ceiba trugen, von den rothen Blüthen des Baumwürgers bestreut. Ein weit grösserer Reichthum an Epiphyten überwuchert die dickeren Aeste; mit Ausnahme der grossen Blätter von Philodendron cannifolium, der leuchtenden Inflorescenzen der Aechmea-Arten und eines mächtigen, nicht sehr gemeinen Cyrtopodium sind die Arten erst nach Fällen des Baumes erkennbar und zeigen dann in endloser Mannigfaltigkeit Tillandsien und andere Bromeliaceen, mit Knollen versehene Orchideen (namentlich Oncidium altissimum, Maxillarien, Epidendren), Rhipsalis, theils flach, theils kantig, Farne, Gesneraceen, Araceen, Lycopedium dichotomum. Die mächtigen Rosetten von Tillandsia tessellata sind nur auf den obersten Zweigen sichtbar, begleitet von grauen Tillandsien (T. stricta, geminata, Gardneri etc.), Ortgiesia tillandsioides, einem dichten Rasen von Pleurothallis, Epidendren (E. avicula, latilabre etc.), Cattleya bicolor, Farnen etc. An der Spitze hängen vielfach noch die Schweife der Tillandsia usneoides.

Nicht alle Bäume tragen eine solche Fülle von Epiphyten. Einige entbehren derselben sogar beinahe ganz, wie die Cecropien und die Myrtaceen, erstere aus mir nicht bekannten Gründen, letztere, weil sie ihre Borke, ähnlich wie die Platanen, abwerfen (vgl. p. 94). Reich von Epiphyten bedeckt sind die Cedros (Cedrela sp.), deren durchsichtiges, gefiedertes Laub alljährlich erneuert wird, die riesigen Figueiras (Urostigma-Arten), die sich kuppelartig über das Laubdach erheben. Die dünnen Masten der Oelpalme (Euterpe sp.) tragen vielfach eine Bromeliacee, in deren Wurzelgeflecht verschiedene kleine Epiphyten sich befestigt haben, während die rauhen, braunen Stämme der Baumfarne von einem zarten Rasen von Hymenophylleen und kleinen Asplenien umhüllt sind. Die Sträucher und kleinen Bäume des Unterholzes tragen nur Flechten und Moose, und solche, namentlich ein kleines, aromatisches Lebermoos, wachsen vielfach auch auf den grossen Blättern der Heliconien und Myrcien.

Verlassen wir den Urwald, so finden wir in der Capoeira, auf den vereinzelten Bäumen in den Pflanzungen und Weiden eine ganz ähnliche Savannenflora, wie in Westindien. Die Gattungen sind meist die gleichen, die Arten dagegen allerdings beinahe alle verschieden. Hier wie dort herrschen graue Tillandsien vor (Till. stricta, geminata etc.), daneben aber auch die grosse, scheckige, aber, ausser an den löffelartigen Blattbasen, kaum beschuppte Vriesea tessellata und eine stattliche, grünblätterige, nicht bestimmte Art derselben Gattung, Orchideen mit fleischigen Blättern, meist ohne Scheinknollen (Epidendrum latilabre, avicula u. a. A., Cattleya bicolor, Phymatidium delicatulum, Jonopsis sp. etc.), Rhipsalis Cassytha, kleine, meist kriechende Farne, hie und da kümmerliche Exemplare der Urwaldformen (Peperomien, Gesneraceen, Vriesea psittacina).

3. Die atmosphärischen Gewächse fehlen nicht ganz in jenen ungeheuren Savannengebieten, die unter dem Namen von Llanos, Catingas, Campos u. s. w. das Innere des tropischen Süd-Amerika bedecken. Diese Savannen stellen bekanntlich nicht ein ununterbrochenes Wiesenland dar, sondern bestehen stellenweise oder vorwiegend (Catingas) aus lichten Gebüschen und Wäldern mit periodisch abwerfendem Laube, die an den Flussrändern recht üppig werden können.

Man findet in diesen Wäldern nur ausnahmsweise einen so grossen Reichthum an epiphytischen Bromeliaceen und Orchideen, wie ich ihn für gewisse Savannenwälder am Fusse der Küstencordillere in Venezuela im vorigen Kapitel beschrieb. Auch in letzterem Lande habe ich grosse Wald- und Gebüschstrecken gesehen, wo, obwohl an grossen Bäumen kein Mangel war, die Epiphyten sehr spärlich an Arten und Individuen auftraten. So wuchsen in der Umgebung von Maturin nur ein paar Tillandsien, ausser an den Ufern des Flusses (R. Guarapiche), wo, wie überhaupt an allen Gewässern, zahlreichere und mannigfachere Epiphyten auftraten – offenbar allein eine Wirkung der wässerigen Dünste, die in kühler Temperatur der Nacht als flüssige Tropfen ausgeschieden werden, welche in die Trichter der Vriesea- und Aechmea-Arten, auf die gierig saugenden Blätter grauer Tillandsien und auf Orchideen-Luftwurzeln fallen und den Verlust des Tages ersetzen.

Ganz ähnlich, wie in den dünnen Wäldern der Llanos, tritt in brasilianischen Catingas der Epiphytismus stark zurück. GARDNER, dem wir die botanische Erforschung der letzteren in erster Linie zu verdanken haben, fand die erste epiphytische Orchidee erst nach langen Wanderungen in der Provinz Ceará, und die atmosphärische Vegetation trat überhaupt nur da in grösserer Ueppigkeit zum Vorschein, wo an den feuchten Abhängen von Bergen die Bäume zu dichterem Urwaldwuchs zusammentraten.

Ganz ähnlich verhält es sich in den südbrasilianischen Campos, in den Savannengebieten Mexicos und Central-Amerikas und auf denjenigen der Antillen, die in Folge ihres relativ trockenen Klima eines tropisch-dichten

Waldwuchses entbehren. Ueberall aber zeigt sich mit dem Eintritt grösserer Feuchtigkeit die Epiphytengenossenschaft in grösserem Reichthum der Formen und Individuen.

Auf einer Excursion in der Umgebung von Pernambuco im Dezember 1886 habe ich einen Blick in die dortige epiphytische Vegetation werfen können, die mit derjenigen der Catingas grosse Aehnlichkeit zu haben scheint; allerdings sind die dortigen Wälder durch den Einfluss des Menschen mehr verändert als im Inneren des Landes. Immerhin entsprach, was ich sah, vollkommen den Beschreibungen GARDNER's. Den meist niederen Sträuchern waren dicht hinter dem kleinen Orte Beberibe grosse Bäume nur spärlich beigemengt; als wir aber in grössere Entfernung gelangt waren, nahm das Gebüsch mehr den Charakter eines Waldes an, namentlich an den Ufern der kleinen Wasserläufe, die von einer Gallerie schöner Bäume, unter anderen einer auch von GARDNER viel erwähnten, prächtig blühenden Vochysiacee, eingefasst waren. In einem feuchteren Gebiet wären diese Bäume reichlich mit Epiphyten versehen gewesen. Hier waren wohl schöne Loranthaceen vorhanden, eigentliche Epiphyten fehlten aber gänzlich, ausser in der Nähe des Wassers, wo sich Stämme und Aeste mit einigen Bromeliaceen (Vriesea-, Bilbergia-, Aechmea-Arten, sämmtlich damals nicht blühend) schmückten. Ein in einer Waldhütte lebender Brasilianer, der, wie die Einwohner des tropischen Amerika überhaupt, über die »parasitas« wohl Bescheid wusste, sagte mir, dass solche ausschliesslich in feuchten Schluchten zu finden wären, und führte mich zum Beleg in eine solche, wo die Bromeliaceen in der That etwas reichlicher auftraten, aber von anderen Epiphyten nicht begleitet waren.

Auf den einzelnen knorrigen Bäumen und in den dünnen Gebüschen der Campos von Minas Geraës sind die Epiphyten, wie mir Dr. SCHENCK mittheilte, ebenfalls »äusserst sparsam, ja fehlen stellenweise gänzlich. Nur einige Polypodien, Pleurothallideen und wenige Bromeliaceen trifft man hier und da vereinzelt an.« (Brief aus Congonhas do Campo, ca. 48 km südwestl. von Ouro Preto.) In den Urwaldbeständen auf Bergabhängen treten dagegen die Epiphyten begreiflicherweise reichlich auf.

An den trockenen Küstenstrichen Mexicos, bei Vera Cruz u. s. w., fand GALEOTTI nur in feuchten Schluchten einige Orchideen, beinahe ausschliesslich Oncidien mit cylindrischen, fleischigen Blättern. Erst in den Urwäldern an den Abhängen der Cordillere zeigen sich die mannigfaltigen Formen, durch welche Mexico berühmt ist.

Die trockenen Küstengebiete Nord-Chiles und Perus scheinen der Epiphyten beinahe ganz zu entbehren; nur einige graue, xerophile

Tillandsia-Arten schmücken in ersterem die spärlichen Bäume und Cereus-Säulen. POEPPIG erwähnt Epiphyten für die Küstenzone Perus nicht.

In Westindien besitzen die nach dem Antillenmeer zugekehrten Küstenstriche der grösseren Inseln ein trockeneres Klima als nach der atlantischen Seite, und ein solches kommt gewissen der kleineren Inseln in ihrer ganzen Ausdehnung zu. Unter diesen letzteren befindet sich St. Croix und der kleine Archipel der Jungferninseln, deren Pflanzengeographie und Floristik von EGGERS behandelt worden sind. Der Einfluss des trockeneren Klima tritt in dem xerophilen Charakter und der Armuth der Epiphytenformation in instructiver Weise zum Vorschein; graue Tillandsien und einige wenige Orchideen (Epidendrum- und Oncidium~Arten, Polystachya luteola) sind, mit Cereus triangularis, Feigenbäumen (F. populnea, pedunculata) und Clusien ihre einzigen phanerogamischen Bestandtheile; die Farne sind zahlreicher, wie überall da, wo ihnen genügend Schatten zur Verfügung steht. Die Arten sind beinahe sämmtlich auf den Inseln mit feuchtem Klima häufig.

Vollständig fehlt, nach dem Gesagten, die atmosphärische Vegetation auch in den trockeneren Gebieten des tropischen Amerika beinahe nirgendwo auf grösseren Strecken. Stets ist dieselbe aber, wo die Feuchtigkeit spärlich, arm an Arten und Individuen; fleischige Orchideen und Cactaeeen, graue Tillandsien, lederige Polypodien sind die einzigen Formen, die den ungünstigen Existenzbedingungen in den Savannen- und Catingasgebieten zu trotzen vermögen. Sobald aber der Wald dichter oder auch, wo an den Ufern von Wasserläufen die Luft reicher an Feuchtigkeit wird, stellen sich die Epiphyten in grösserer Ueppigkeit und Formenreichthum ein.

Wir haben im vorigen Kapitel gesehen, dass die epiphytische Vegetation der natürlichen Savannen, sowie der durch Ausrottung des Urwalds entstandenen Culturgebiete mit derjenigen, die auf dem Laubdache des Waldes unmittelbar das Sonnenlicht geniesst, übereinstimmt. Es ist allerdings nicht unmöglich – wenn auch noch unerwiesen – dass der eine oder der andere der Savannenepiphyten im Urwalde fehlt; dieselben gehören aber stets Gattungen an, die auch im letzteren, und zwar meist durch viel zahlreichere Arten, vertreten sind.

Diese Uebereinstimmung kann entweder darauf beruhen, dass die xerophilen Gipfelepiphyten des Urwalds aus den Savannen eingewandert sind, oder dass dieselben umgekehrt vom Urwalde aus die Savannen colonisirt haben. Die verschiedensten Erscheinungen zeigen aufs bestimmteste, dass die letztere Annahme der Wirklichkeit entspricht.

Zunächst ist ein Auswandern der Epiphyten aus dem Urwalde direkt nachweisbar. Wo, auch fern von den Savannen, der Urwald gefällt und der Boden mit Nutzbäumen bepflanzt wird, werden letztere bald durch die Epiphyten des benachbarten Urwalds colonisirt, und zwar scheinbar ausschliesslich von den xerophilen Arten, die in letzterem die obersten Zweige bewohnen. Bei genauerem Suchen wird man jedoch hier und da kümmerliche, nicht blühende Exemplare der hygrophilen Arten finden, und diese treten in grösserer Ueppigkeit auf, sobald die Feuchtigkeit eine grössere wird.

Die grosse Ungleichheit in den Existenzbedingungen der einen und denselben Baum, aber in ungleicher Höhe, bewohnenden Epiphyten zeigt sich in auffallender Weise, wo, wie es häufig geschieht, bei der Fällung des Urwalds einzelne Bäume verschont geblieben sind. In solchen Fällen sehen wir die hygrophilen Epiphyten des Stammes und der dickeren Aeste absterben, wahrend die xerophilen des Gipfels sich stammabwärts bewegen. Zuerst, schon nach wenigen Tagen, gehen die zarten Hymenophylleen der Stammbasis zu Grunde, die übrigen hygrophilen Epiphyten resistiren länger, nehmen aber eine gelbliche, krankhafte Färbung an und verschwinden schliesslich ganz, während die bisher auf den Gipfel localisirten grauen Tillandsieen, fleischblätterigen Orchideen und lederartigen, kleinen Polypodien den Baum, oft bis zu seiner Basis, überwuchern. Die Uebereinstimmung zwischen der Epiphytenflora der Savannen und denjenigen des Laubdaches des Urwalds ist uns, nach diesen Erscheinungen, sehr begreiflich.

Dafür, dass die xerophilen Epiphyten der Baumgipfel des Urwalds in diesem selbst entstanden sind, spricht auch der Umstand, dass sie in letzterem, oder besser **auf** letzterem, weit üppiger wachsen, weit reicher sind, nicht bloss an Individuen, sondern auch an Arten, als in den Savannengebieten, wo sie nur im dampfreichen Gallerienwalde der Flüsse zahlreicher werden, da sogar manchmal eine Beimischung hygrophiler Formen erhalten.

Mit grösster Sicherheit ergibt sich jedoch der silvane Ursprung der aerophilen Epiphyten daraus, dass in Savannen die terrestrische und epiphytische Vegetation ganz schroff geschieden bleiben, während im Urwald ein allmahlicher Uebergang von der einen in die andere und von den unteren Schichten der Epiphytenvegetation in die oberen sich zeigt. Der Urwald zeigt uns die Entwickelung der Genossenschaft in allen ihren Phasen.

Manche Pflanzen des tropischen Urwalds wachsen, wie bereits erwähnt wurde, sowohl auf dem Boden, als auch auf Bäumen, ohne irgend welche eigentliche Anpassungen an epiphytische Lebensweise zu besitzen; sie vermochten sich im Kampfe ums Dasein sowohl als terrestrische Gewachse, wie auch als Epiphyten zu behaupten (Melastomaceen e. p., Solanaceen u. a.

Dicotyledonen, Farne e. p.). Andere Formen verdankten hingegen nur dem Umstande, dass sie als Epiphyten gedeihen konnten, ihre Fortexistenz, und bei diesen wurden natürlich alle Eigenschaften gezüchtet, welche für Lebensweise auf Bäumen geeignet waren; sie wurden an letztere **angepasst**, oft jedoch, ohne die Fähigkeit, auch in gewöhnlichem Boden zu leben, zu verlieren, wenn es die Concurrenz mit anderen Gewächsen nicht verhinderte; so gedeihen sie ganz allgemein als Topfpflanzen, und man findet sie zuweilen, obwohl relativ sehr selten, auch in der Natur als terrestrische Gewächse. Unbehindert können sie sich ausserdem kahler Felswande bemächtigen, wenn ihre Eigenschaften ihnen das Leben auf solchen gestatten.

Jede neue Eigenschaft, die einen Epiphyten in den Stand setzte, sich aufwärts, dem Lichte zu, zu bewegen, wurde im Kampfe ums Dasein gezüchtet. So entspricht die etagenmässige Gliederung der epiphytischen Urwaldvegetation einer steigenden Vervollkommnung der Anpassungen. Damit ging aber die Fähigkeit, sich auch auf dem Boden zu behaupten, immer mehr verloren. Die hygrophilen Epiphyten sind zum Theil indifferent, die xerophilen dagegen können nur, und das auch blos theilweise, auch an kahlen Felswanden gedeihen; als im Boden wurzelnde Pflanzen kommen sie in der Natur nicht vor.

Allmähliche Uebergange verbinden die terrestrischen und epiphytischen Pflanzengemeinschaften des Urwalds; die Gattungen sind zum Theil dieselben, und manche Art des höchsten Niveau dringt in einigen Individuen in ein tieferes, wahrend ausgesprochen hygrophile Epiphyten sich in kümmerlichen Exemplaren auf dem Laubdache zeigen können. Die Vegetation des Gipfels und diejenige des Stammes vermischen sich aber nicht, während letztere manche Art mit dem Boden gemein hat. Das Ganze trägt das Gepräge eines allmählichen Strebens nach dem Lichte.

Ganz anders in den Savannenwäldern; hier ist von einem Austausch der im Boden bewurzelten Vegetation und derjenigen, die sich an der Oberfläche der Rinde befestigt hat, keine Rede. Nur auf der Oberfläche von Felsblöcken sieht man einen Theil der Arten der Epiphytengenossenschaft. Die einseitige Anpassung an Lebensweise auf harter Unterlage gestattet ihnen das Leben auf gewöhnlichem Boden entweder gar nicht mehr (Till. usneoides, circinalis, Aëranthus funalis u. a. m.), oder sie sind doch nicht mehr im Stande, mit den an terrestrische Lebensweise angepassten Arten zu concurriren. Die einzigen sonst epiphytisch wachsenden Pflanzen, die man gelegentlich, in vereinzelten Exemplaren, als Bodenbewohner in der Savanne trifft, sind baumartige Arten, die im Urwalde auf anderen Bäumen wachsen, auf den Savannen aber wegen Mangels an hinreichender atmosphärischer Feuchtigkeit von der epiphytischen Genossenschaft ausgeschlossen bleiben (Clusia, Ficus).

Wir werden in diesem Kapitel sehen, warum die Savanne autochtone Epiphyten nicht erzeugte – ausser vielleicht solche Arten, die aus bereits epiphytischen Colonisten des Urwalds durch weitere Anpassung entstanden. Unserer Erklärung muss eine grössere Anzahl beweiskräftiger Thatsachen vorausgeschickt werden. Wir wollen einstweilen nur an der Thatsache festhalten, **dass die epiphytische Flora der Savannengebiete einer Einwanderung aus dem Urwalde ihren Ursprung verdankt.**

4. Man stellt sich vielfach vor, dass das Vorkommen von Epiphyten an grosse Hitze gebunden sei, obwohl der vermuthete räthselhafte Zusammenhang zwischen Lebensweise auf Bäumen und Temperatur, aus guten Gründen, nie den Gegenstand eines Erklärungsversuchs gebildet hat. Es wachsen allerdings sehr viele Epiphyten in den mächtigen Wäldern der Flussgebiete Süd-Amerikas, wo die grosse Wärme starke Ausdünstung des Wassers bedingt, das die nächtliche Abkühlung wieder als Thau niederschlägt[20]. **Die reichste Entwickelung der Epiphytengenossenschaft zeigt sich jedoch in der Regel an Bergabhängen, und zwar nicht bloss in den heissen tieferen Regionen, sondern auch in denjenigen mit temperirtem Klima. Die Epiphyten erreichen jedoch nicht oder nur in geringer Anzahl die Baumgrenze.**

Es kann zwar eine bestimmte Region angegeben werden, in welcher überall zwischen den Tropen und in benachbarten Gebieten die Epiphytengenossenschaft ihre reichlichste Entwickelung besitzt, jedoch nicht eine bestimmte Höhe, welche dieselbe nicht erreicht. Letztere ist vielmehr sehr wechselnd, **da sie in erster Linie von der Spannung der Luft, ihrer Sättigung mit Wasserdampf, der Häufigkeit der Niederschläge abhängen** – Verhältnisse, die auf Gebirgen, den Luftdruck ausgenommen, klimatischen und topographischen Einflüssen unterworfen sind. Am reichsten an Epiphyten ist überall die meist zwischen 1300 und 1600 m gelegene Wolkenregion, in welcher die Luft beinahe stets mit Wasserdampf vollkommen gesättigt ist[21], reichliche Thaubildung und Regen die Wurzeln der Epiphyten und ihr Substrat stets feucht halten.

Oberhalb der Wolkenregion nimmt die Menge der Epiphyten ab, bald schneller, bald langsamer, aber keineswegs in Folge der Abnahme der Temperatur, sondern, wie es sich namentlich aus dem Vergleich der brasilianischen Gebirge mit dem Himalaya ergeben wird, weil die Luftfeuchtigkeit, relativ und absolut, mit der Höhe abnimmt[22]. Vollkommene Sättigung der Luft mit Wasserdampf kommt zwar auch auf Berggipfeln manchmal vor; bei hellem Wetter sinkt aber der Dampfdruck auf ein ganz geringes Maass herab. Zudem kommt der gleichsinnig wirkende Umstand ganz besonders in Betracht, dass bei gleichem Sättigungsgrad der Luft mit Wasserdampf und gleicher Temperatur die Verdunstung auf hohen Gebirgen, in Folge des geringeren Luftdrucks, eine weit grössere ist als in der

Ebene[23] In Folge dieser Verhältnisse sehen wir auf tropischen, sonst sehr feuchten Gebirgen, manchmal schon in Regionen, wo der Frost unbekannt ist, wie in der brasilianischen Serra de Mantiqueira, den Baumwuchs schwinden und die Stauden und Sträucher Schutzmittel gegen Transpiration erhalten, ganz ähnlich wie in den heissen Savannen der Ebenen.

Noch weit mehr als die Bodenpflanzen hängen die Epiphyten von dem Sättigungsgrade der Luft an Wasserdampf und von der Grösse der Verdunstung ab, indem ihre Organe meist sämmtlich oberflächlich sind, ihr Substrat leicht eintrocknet und für seinen Wasservorrath direkt von den atmosphärischen Niederschlägen abhängt. Es ist uns daher auch leicht begreiflich, dass die Epiphyten sich auf Gebirgen weniger hoch erheben als andere Gewächse, und dass die obersten derselben in hohem Grade xerophilen Charakter tragen. So fand LIEBMANN auf den Bäumen des Coniferenwaldes bei der 10000' hoch gelegenen Jacqueria del Jacal am Orizaba nur graue Tillandsien, eine fleischige Echweria, eine ebenfalls sehr dickblätterige Peperomia und eine jener zungenblätterigen Polypodium-Arten, wie sie an trockenen Standorten so häufig sind. Die erwähnten Pflanzen erhoben sich wenig höher, während die obere Grenze des Coniferenwaldes bei 11000' liegt.

Im brasilianischen Küstengebirge stellen sich die Coniferenregion (Araucaria) und die baumlose Region (Campos elevatos) bei weit geringerer Höhe ein als auf den Anden, was, wie GRISEBACH angibt, darauf beruht, dass die steilen Gipfel dem Passatwinde zu wenig Masse darbieten, um die für die volle Ueppigkeit des Tropenwaldes erforderliche Intensität der Niederschläge zu erzeugen. Auf der Serra do Picú, zwischen den Provinzen Rio de Janeiro und Minas Geraes, fand ich die letzten Epiphyten, Peperomia reflexa und ein steriles Farn, im Laubwalde bei ca. 1600 m; der auf diesen Laubwald folgende Araucariengürtel und die knorrigen Stämme einer Eugenia, die eine Art Krummholzregion über den Araucarien bildete, entbehrten der Epiphyten gänzlich; dagegen wuchsen auf der Savanne von ausgesprochen xerophilem Charakter, die den Gipfel einnahm (Campos elevatos), eine terrestrische Bromeliacee (Dyckia princeps) und ein Anthurium. Im Thale am Fusse des Gipfels fand ich zahlreiche epiphytische Bromeliaceen (Arten von Vriesea, Nidularium, Aechmea) und Farne, dagegen nur ein einziges steriles Exemplar einer epiphytischen Orchidee.

Entsprechend der hohen Breite, stellt sich in der Serra Gerál von Sta. Catharina die temperirte Region noch weit tiefer ein als zwischen den Tropen. Bei 8–900 m werden jenseits des Hauptkamms, der einen sehr grossen Theil der Feuchtigkeit zurückhält, nur noch die

Culturpflanzen temperirter Länder gezogen. Eine Excursion auf diesen Gebirgen, von Joinville nach São Bento, ergab manche interessanten Aufschlüsse über die Lebensbedingungen epiphytischer Gewächse. Bis wir den nur ungefähr 1000 m hohen Kamm erreicht hatten, war der Wald, wenn auch nicht überall hoch, doch meist dicht und reich an den meisten epiphytischen Pflanzen, die wir früher als in den Wäldern Sta. Catharinas vorkommend erwähnt haben, zu welchen einige andere Arten hinzukamen. In den flachen Hochthälern, welche wir nachher durchkreuzten, trugen die Wälder ein wesentlich anderes Gepräge. Theils waren es Laubwälder, in welchen die vorherrschenden Bäume Mimosen, Vernonien, Croton, von geringerer Grösse auch Solanum-Arten waren, manchmal von vereinzelten hohen Araucarien überragt; solche Wälder enthielten einige epiphytische Orchideen (Pleurothallideen, Epidendrum) von sehr geringen Dimensionen, Tillandsieen, kleine Farne, Peperomia reflexa, sämmtlich Pflanzen mit hoch entwickelten Schutzvorrichtungen gegen Transpiration, wie wir sie sonst nur bei Sonnenepiphyten finden, obwohl dieselben am Stamme im Schatten wuchsen. Streckenweise gingen wir durch Araucarienwälder, wo die Epiphyten vollständig zu fehlen schienen, obwohl solche auch auf Araucarien vorkommen, wenn diese vereinzelt im dichten Laubwalde wachsen. In dem von dünnem Araucarienwalde und Savannen bedeckten Thale, wo das kleine Dorf Campo alegre liegt, hatte ich keine Epiphyten gesehen, bis ich zu einer von hohen Felsen umgebenen Schlucht kam, wo ein Wasserfall brauste. Ueber dem Wasser beugten sich kleine Bäume, von deren Endzweigen mächtige Schweife von Tillandsia usneoides hingen, während ihre Stämme und dickeren Aeste von zahlreichen Tillandsia-Rosetten, Peperomia reflexa, kleinen Orchideen und Farnen bedeckt war. Es war also offenbar nicht die zu niedrige Temperatur, welche das Fehlen der Epiphyten im Thal bedingte, sondern der Mangel an hinreichender Feuchtigkeit, obwohl das Klima von Campo alegre nach europäischen Begriffen nicht gerade als trocken zu bezeichnen wäre.

Eingehende Angaben über die Vertheilung der epiphytischen Orchideen auf der mexikanischen Cordillere verdanken wir RICHARD und GALEOTTI; es ist zu bedauern, dass nicht die anderen Epiphyten gleichzeitig Berücksichtigung gefunden haben, da aus der Betrachtung einer einzigen Familie Schlüsse auf die Existenzbedingungen der Formationen, in welchen sie auftritt, nur mit grosser Vorsicht entnommen werden können.

Auf den der epiphytischen Orchideen beinahe ganz entbehrenden atlantischen Küstenstrich folgt mit eintretender Neigung eine feuchtere, noch heisse Region, in welcher die bewaldeten Schluchten viele

> epiphytische Orchideen (bis 900 m) zeigten. Weit reicher an den letzteren ist indessen die darauf folgende temperirte Region (tierra templada, 900 oder 1000 bis 1800–2000 m); hier herrscht ewige Feuchtigkeit bei einer mittleren, noch wenig schwankenden Temperatur von 18–19° C. Baumfarne sind in dieser Region massenhaft entwickelt. In gleicher Höhe sind die nach dem Centralplateau gerichteten wasserarmen Abhänge sehr arm an epiphytischen Orchideen. Solche treten dagegen nach der zum atlantischen Ocean gerichteten Abdachung noch in grosser Menge in der ebenfalls sehr feuchten kälteren Region (terra fria) auf. Sie nehmen jedoch allmählich nach oben ab und wenige erheben sich über 2800 m. Odontoglossum nebulosum und Cattleya citrina allein erheben sich bis 3200 m, während terrestrische Formen bis gegen 3900 m hinaufgehen.

Eine ausserordentlich üppige epiphytische Vegetation bedeckt die feuchten südlichen Abhänge des östlichen Himalaya (von Nepaul bis Bhotan) und die Gebirge von Birma; dieselbe steigt bis nahe an die Baumgrenze und zeigt je nach der Höhe, bedeutende Unterschiede. Die epiphytischen Orchideen sind, wie mir Herr Dr. BRANDIS mittheilte, zwischen 2000 und 5000 Fuss am zahlreichsten; »dies ist auch in der Regel eine Zone sehr grosser Feuchtigkeit«. Demselben Niveau scheint auch im östlichen Himalaya das Maximum der Entwickelung vieler anderer tropischer Epiphyten, wie Gesneraceen, Rubiaceen, Melastomaceen, Ficus, zu entsprechen[24]. Mehr oder weniger zahlreiche dieser tropischen Typen erheben sich jedoch weit höher; die oberste Grenze ist für die epiphytischen Orchideen bei 9400' (Coelogyne Wallichii), für die epiphytischen Gesneraceen (Aeschynanthus maculata, bracteata) und die Rubiaceen (Hymenopogon parasiticus) ca. 8000'.

Ungefähr von 4000' an treten im östlichen Himalaya, der in ihrem Charakter noch vorwiegend tropischen Epiphytenformation, entsprechend der in der Bodenvegetation eintretenden Veränderung, **Typen der nördlichen temperirten Zone bei, die mit der Höhe zunehmen und über 6000' weit über die tropischen Arten vorherrschen**. Da wachsen als Epiphyten verschiedene Arten von Rhododendron (Rh. Dalhousiae, vaccinioides, pendulum etc.), von Vaccinium (V. retusum etc.), Hedera Helix, Vogelbeerbäume (Pyrus foliolosa u. P. rhamnoides), ein Ribes (R. glaciale), ein Evonymus (E. echinatus) etc. Manche dieser Arten erreichen über 10000'. **Die Epiphytengenossenschaft setzt sich demnach in der temperirten Region des Himalaya ausser aus Einwanderern der tropischen Region auch aus Pflanzentypen der nördlichen temperirten Zone zusammen. Diese sind demnach ebenso gut im Stande, wie tropische Pflanzen, epiphytische Lebensweise anzunehmen.**

Ueber die klimatischen Bedingungen, unter welchen die epiphytische Vegetation in den hohen Regionen des östlichen Himalaya gedeiht, kann ich, dank den freundlichen Mittheilungen von Herrn Dr. BRANDIS, genauere Angaben machen, die für die Frage nach den Existenzbedingungen der Epiphyten überhaupt von Wichtigkeit sind. Dieselben beziehen sich auf **Darjeeling**, einen bei 7421' = 2262 m über dem Meere gelegenen Luftkurorte in Sikkim (Bengalen), dessen Umgebung sehr reich an den verschiedenartigsten Epiphyten ist[25].

> Temperatur: Jahresmittel: 51°,8 F= 11° C., Juli: 60°,9 F. = 6° C., Januar: 39°,5 = 4°,1 C.
>
> Regenfall: Jahresm.: 120",33 = 310 cm; Mai–Oktober 112",06 =285 cm.
>
> Mittlere relative Feuchtigkeit: Jahr: 84 %; Oktober–April: 73–81 %; Mai–September: 95 %[26].

Von Herrn GAMBLE (vgl. Anm.) wurden bei Darjeeling 42 Arten epiphytischer Orchideen über 6000' gesammelt, von welchen jedoch die grosse Mehrzahl sich nicht über 7000' erhebt. Bolbophyllum reptans und Coelogyne humilis erreichen 8000', Liparis paradoxa und Coelogyne Hookeriana 9000'. Die Epiphytengenossenschaft besitzt einen wesentlich temperirten Charakter und setzt sich aus den vorher für die temperirte Region angegebenen Arten zusammen, welche zum grössten Theile, vielleicht sämmtlich, auch als Bodenpflanzen vorkommen; ausgesprochene Anpassungen an epiphytische Lebensweise sind in der temperirten Region nicht eingetreten.

> Die Nilgherries sind trotz ihres tropischen Klimas ärmer an epiphytischen Orchideen und, soweit ich es aus HOOKER's *Flora of B. I.* und *Genera plantarum* entnehmen kann, auch an anderen Epiphyten als das östliche Himalaya und Birma. Die Sammlungen von Herrn GAMBLE (Wellington 6200'; Jahresm. 61° F., Mai 65°,7, Januar 55°,2, mittlerer Regenfall auf dem Plateau 45–103" enthalten nur fünf über 6000' gesammelte epiphytische Orchideen. Während der trockenen Jahreszeit wird der Dampfgehalt der Luft wohl sehr gering sein.

Es geht aus dem Vorhergehenden mit Sicherheit hervor, dass die epiphytische Lebensweise keineswegs an tropische Hitze gebunden ist, sondern da eintritt, wo der Dampfgehalt der Luft und die Regenmenge gross genug sind, um terrestrischen Gewächsen das Gedeihen auf Bäumen zu gestatten.

5. Die Epiphyten sind in Amerika nicht streng auf die tropische Zone (incl. Süd-Brasilien) **beschränkt. Mehrere Arten kommen vielmehr in**

den temperirten Zonen der nördlichen und namentlich der südlichen Hemisphäre vor und bieten in der Art ihres Vorkommens manches, das den Zusammenhang zwischen den Lebensbedingungen epiphytischer Gewächse und ihrer geographischen Verbreitung beleuchtet.

Die Nordgrenze des tropischen Urwalds ist auch diejenige einer reichen atmosphärischen Flora und fällt ungefähr mit dem Wendekreise zusammen. Der von dem tropischen durch ausgedehnte Savannengebiete und Wüsten getrennte nordamerikanische Wald weicht von ersterem in seiner systematischen Zusammensetzung, in seiner biologischen Physiognomie wesentlich ab, sogar in den subtropischen südlichen Staaten, welche doch zahlreiche Pflanzen der tropischen Zone aufgenommen haben. Im Gegensatz zu Europa fehlen jedoch im nordamerikanischen Walde die Epiphyten nicht ganz und bieten für die uns gegenwärtig beschäftigenden Fragen hervorragendes Interesse.

Ausgesprochene Anklänge an die Flora des benachbarten Westindiens zeigen sich namentlich im warmen Süd-Florida, wo die Strandvegetation noch wesentlich die gleiche ist, wie auf Cuba und den Bahamas; Hippomane Mancinella, Coccoloba uvifera wachsen im Sande, während die Lagunen von Mangroven umrahmt sind (Rhizophora, Laguncularia racem). Auch der Wald enthält manche tropische Bäume, wie Oreodoxa regia, Canella, Swietenia Mahagony, Zamia integrifolia, Eugenia-Arten, Burseraceen, Turneraceen, Chrysobalaneen, Büttneriaceen, Myrsineen etc. Kein Wunder, dass die Einwanderung tropischer Bodenpflanzen von einer solchen epiphytischer Gewächse begleitet gewesen ist. Die atmosphärische Vegetation Süd-Floridas ist aber, im Vergleich zu derjenigen des doch ganz benachbarten Westindien, sehr arm an Arten und namentlich an Gattungen. Die daran theilnehmenden Familien sind nur die Farne, Bromeliaceen, Orchideen und Clusiaceen, letztere mit einer einzigen Art. Die auf den benachbarten westindischen Inseln in der atmosphärischen Flora so reichlich vertretenen Araceen, Piperaceen, Gesneraceen, Lycopodium etc. fehlen gänzlich.

Die epiphytische Vegetation Floridas und der südlichen Vereinigten Staaten überhaupt setzt sich, soweit ich sie mit Hülfe eigener Beobachtungen und der Angaben in CHAPMAN's Flora zusammenstellen konnte, aus folgenden Arten zusammen:

Epiphyten der südlichen Vereinigten Staaten.

Clusiaceae.

Clusia flava. — (Trop. Am.)

Bromeliaceae.

Tillandsia utriculata. — (Trop. Am.)

— bracteata.

— bulbosa. — (Trop. Am.)

— tenuifolia (incl. Bartramii, caespitosa, juncea). — (Trop. Am.)

— recurvata. — (Trop. Am.)

— usneoides. — (Trop. Am.)

— Houzeavi.

— flexuosa. — (Trop. Am.)

Catopsis nutans. — (Trop. Am.)

Orchideae.

Dendrophylax Lindenii.

Polystachya luteola. — (West-Indien.)

Epidendrum conopseum.

— venosum.

— cochleatum. — (Trop. Am.)

— umbellatum. — (Trop. Am.)

— nocturnum. — (Trop. Am.)

Filices.

Polypodium incanum. — (Trop. Am.)

— Phyllitidis. — (Trop. Am.)

Polypodium aureum. — (Trop. Am.)

Vittaria lineata. — (Trop. Am.)

Aspidium (Neprolep.) exaltatum. — (Trop. Am.)

Ophioglossum palmatum. — (Trop. Am.)

Psilotum triquetrum. — (Trop. Am.)

Die atmosphärische Vegetation Floridas und der Vereinigten Staaten überhaupt besteht demnach ausschliesslich aus Formen des tropischen Urwalds, speciell Westindiens.

Demjenigen, der die soeben aufgezählten Gewächse kennt, wird es auffallen, dass **es beinahe sämmtlich Arten sind, die, in hohem Grade mit Schutzmitteln gegen Trockenheit ausgerüstet, zwischen den Wendekreisen nur auf den Gipfeln der Urwaldbäume und in Savannen vorkommen.** Polypodium aureum bildet nur scheinbar eine Ausnahme, indem dasselbe in Florida, soweit meine Beobachtungen reichen, bloss in den persistirenden Basen der Blätter von Sabal Palmetto als Epiphyt gedeiht, wo ihm eine reiche und feuchte Compostmasse als Substrat dient, welche ihm manchmal von Bodengewächsen streitig gemacht wird; dasselbe gilt auch von dem seltenen Ophioglossum palmatum.

Ganz besonders ausgeprägt sind die Schutzmittel gegen Transpiration bei den drei einzigen epiphytischen Gefässpflanzen, die über Floridas Grenzen nach Norden dringen, Epidendrum conopseum, Tillandsia usneoides und Polypodium incanum. Das Epidendrum, dessen Nordgrenze in Nord-Carolina liegt, ist eine jener derbblätterigen xerophilen Arten, wie wir sie in der Tropenzone nur auf den höchsten Baumästen des Urwalds oder in dünnen Savannengebüschen treffen. Tillandsia usneoides, die etwas nördlicher, nämlich bis zum 38.° in Virginien dringt, lässt sich kaum trocknen, und was Polypodium incanum betrifft, das von allen nordamerikanischen epiphytischen Gefässpflanzen die höchste Breite erreicht (Illinois), so ist es auch diejenige, die das höchste Maass von Trockenheit unbeschadet verträgt. Es wäre indessen ein grosser Irrthum, zu glauben, dass diese in so hohem Grade gegen Transpiration geschützten Pflanzen in den Vereinigten Staaten trockene Standorte aufsuchen; man findet sie meist an den feuchten Ufern der Flüsse und Seen.

Die Erscheinung, dass nur solche Epiphyten, die in besonders hohem Grade gegen die Gefahren der Trockenheit geschützt sind, die Gebiete tropischen Regens nach Norden überschreiten, ebenso wie das Fehlen nordamerikanischer Elemente in der epiphytischen Flora Nordamerikas lassen sich nur durch den Mangel an hinreichender Feuchtigkeit im nordamerikanischen Waldgebiet erklären.

Man wird vielleicht einwenden, dass, da das Klima Nordamerikas für das Gedeihen verschiedener tropischer Epiphyten nicht zu trocken ist, obwohl dieselben ihren Ursprung im feuchten tropischen Urwald genommen haben, dasselbe erst recht das Bestehen einer autochthonen epiphytischen Vegetation zulassen müsste. Vergegenwärtigt man sich jedoch, unter welchen Bedingungen die atmosphärische Vegetation des Tropenwalds sich entwickelt hat, so wird man das Räthsel unschwer lösen. Die Epiphyten stammen von terrestrischen Gewächsen ab, die dank der grossen Feuchtigkeit des tropischen Urwalds auch auf der bemoosten Stammrinde gedeihen konnten; auf solche Uebergangsstadien zum Epiphytismus, die noch vorkommen, habe ich früher mehrmals aufmerksam gemacht. Allmähliche Anpassung erlaubte einem Theil dieser Epiphyten, aus dem Schatten in das volle Licht zu treten, wo sie der Trockenheit der Luft entsprechende Schutzmittel erhielten; dadurch wurden sie aber in den Stand gesetzt, sich ausserhalb der Grenzen des tropischen Urwalds zu verbreiten, während die gegen Trockenheit weniger resistenten Formen des Schattens und Halbschattens an denselben gebunden blieben. Wir haben denn in der That gesehen, wie diese xerophil gewordenen Epiphyten die dünnen Wälder und einzeln stehenden Bäume der Savannengebiete colonisirt haben. Ihrer allgemeinen Verbreitung ausserhalb der tropischen Zone stand die Temperatur entgegen; ähnlich aber, wie manche tropische Bodenpflanzen, vermögen auch gewisse tropische Epiphyten niedere Temperaturgrade zu ertragen und sind dementsprechend mehr oder weniger in die extratropischen Gebiete eingedrungen. Diese Auswanderung ist aber wegen der geringeren Feuchtigkeit der temperirten Zonen auf die xerophilen Epiphyten beschränkt geblieben.

In den nordamerikanischen Wäldern würden die Schattenpflanzen des Bodens aus Mangel an Feuchtigkeit nicht auf der Baumrinde gedeihen können.

So steigt das so gemeine Polypodium vulgare in Nordamerika ebensowenig auf die Bäume, wie in Mittel- und Nord-Europa, während es in den Wäldern gewisser sehr feuchter Gebiete, z. B. in Portugal, auf den canarischen Inseln, oft massenhaft die Stämme und Aeste umhüllt. Der erste Schritt zu einem autochthonen Epiphytismus war unmöglich – letzterer musste daher ganz ausbleiben, während für die xerophil gewordenen Epiphyten der Tropen die Feuchtigkeit in Nordamerika gross genug war. So erklärt sich in einfacher Weise die beim ersten Blicke so befremdende Erscheinung, dass die epiphytische Vegetation Nord-Amerikas ausschliesslich tropischen Ursprungs sei.

Ueber den Antheil, den die epiphytischen Gewächse an dem Charakter der Vegetation in den südlichen Vereinigten Staaten nehmen, ist in den Floren nichts enthalten. Einige Beobachtungen darüber habe ich auf einer raschen Excursion, die ich im Anfang des Frühjahrs **1881** von Baltimore aus unternahm, anstellen können. Tillandsia usneoides sah ich von der Eisenbahn aus schon in Nord-Carolina, also wenig südlich von ihrer Nordgrenze. Von Süd-Carolina an war sie überaus häufig, und Bäume, wie der auf unserer Tafel I abgebildete, waren in diesem Staat sowohl als in Georgien und Florida sehr gewöhnliche Erscheinungen. Die Eichen (Q. virens) der Promenaden bei Jacksonville in Nord-Florida sind sämmtlich von einem dichten grauen Tillandsia-Schleier umhüllt und gewähren einen der wunderbarsten Anblicke, die mir die Pflanzenwelt in Amerika geboten hat; auch auf den Waldbäumen sind Tillandsiabärte eine gewöhnliche Erscheinung. Eine reichere epiphytische Vegetation sah ich erst am oberen St. Johns, so bei Palatka und Enterprise im mittleren Ost-Florida, wo beschuppte Stämme von Sabal Palmetto vielfach von den Wedeln des Polypodium aureum und den Rasen von Vittaria lineata geschmückt waren, während nackte Palmstämme Tillandsia recurvata, die Bäume im Walde grosse Rosetten von Tillandsia bracteata (?) trugen und Polypodium incanum sich überall, besonders reichlich jedoch, wie überhaupt die Epiphyten, in der Nähe des Flusses und der Seen zeigte.

6. Die maassgebende Bedeutung der atmosphärischen Feuchtigkeit für die Entwickelung und Verbreitung von Pflanzen epiphytischer Lebensweise kommt im temperirten Südamerika noch weit deutlicher zum Vorschein als in Nordamerika. Die Erscheinungen sind in Argentinien einerseits, in Süd-Chile andererseits sehr ungleichartig und verlangen daher eine getrennte Behandlung.

Während die Wälder des temperirten Nordamerika von den tropisch-mexikanischen durch ein Steppengebiet getrennt sind, setzt sich der brasilianische Urwald nach Süden an den östlichen Abhängen der Anden und der Küstengebirge (Serra Gerál), sowie längs der Ufer des Paraná und Paraguay bis weit über den Wendekreis hinaus fort und verliert nur ganz allmählich seinen tropischen Charakter. Letzterer ist in den Küstenwäldern Süd-Brasiliens noch unverändert, und diese sind sehr reich an Epiphyten, während in dem schmalen Streifen dichten Urwalds, der auf gleicher Breite und in gleicher Richtung längs der Anden zieht, und noch mehr in den ebenfalls dichten Galleriewäldern der Ufer des Paraná und Uruguay die atmosphärische Vegetation schon formenarm ist. Die Savannenwälder und Gebüsche des inneren und südlichen Argentiniens (Gran Chacó, Monte und Pampas) sind noch weit ärmer an Epiphyten als die ihnen entsprechenden Catingas und Carrascos des inneren Brasiliens und die ähnlichen Bildungen der Llanos Venezuelas und Guianas. Die Gebüsche des östlichen Patagoniens enthalten nur noch einige, wenige Tillandsia-Arten.

Während die Floren und Reiseberichte über das tropische Amerika die Standortsverhältnisse der Pflanzen meist arg vernachlässigen, sind dieselben in den für die Pflanzengeographie Südamerikas höchst werthvollen Arbeiten LORENTZ' und HIERONYMUS' sorgfältig erwähnt, sodass ich auf Grund der letzteren und derjenigen einiger anderer Autoren (GRISEBACH, NIEDERLEIN, BAKER) folgendes Verzeichniss der Epiphyten Argentiniens aufstellen konnte, das, wenn auch gewiss nicht ganz vollständig, von dem Charakter der dortigen atmosphärischen Vegetation doch ein hinreichendes Bild geben wird. Der Uebersichtlichkeit halber sind die Arten, die wohl in den subtropischen Wäldern der Anden und Flussufer, aber nicht in den Savannen vorkommen, mit einem # versehen.

Epiphyten Argentiniens.

Abkürzungen: E. = Entrerios, C. = Cordoba und Santiago del Estero, Ct. = Catamarca, T. = Tucuman, S. = Salta, J. = Jujuy, O. = Oran nebst Tarijá, Corr. = Corrientes u. Missiones, Men. = Mendoza, B.-A. = Buenos Ayres. †

Pflanzen, von welchen ich nur aus Analogie vermuthe, dass sie epiphytisch wachsen.

Cactaceae.

Rhipsalis #sarmentacea OTTO. — T., S. (Bonar.)

— #pentaptera PFF. — O., Ct., T. (Brasil.)

— #Lorentziana GR. — O.

— #monacantha GR. — O.

— sp. — E.

Cereus Donkelairi SALM. DYCK. — E. (Brasil.)

Araliaceae.

#Nicht näher bez. Art. (NIEDERLEIN.) — Corr.

Piperaceae.

Peperomia #hispidula. — S. (Trop. Am.)

— #inaequalifolia R. ET P. — S. (Peru, Venez., Boliv.)

— #polystachya Miq. — T. (Trop. Am.)

— #reflexa A. DIETR. (var. valantioides u. var. filiformis) — T., S., J., O. (Trop. Am.)

Araceae.

Anthurium #coriaceum ENDL. — O. (S. Brasil.)

#Philodendron sp.? (NIEDERLEIN.) — Corr.

Bromeliaceae.

Chevalliera grandiceps GR. — O., T., S., J.

Tillandsia macrocnemis GR. — C.

— #purpurea R. ET P. — O. (Peru.)

— circinalis GR. — E., C., O.

— (Vriesea) #rubra R. ET P. T., S., J., O. (Peru.)

— globosa. — E. (Brasil.)

— dianthoidea TEN. — E., Corr. (Uruguay, Guiana.)

— ixioides GR. — E., Corr.

— #bicolor BRGT. — Ct., T., O. (Brasil. austr.)

— unca GR. — C., O.

— myosura GR. — C., O. (Bolivia.)

— Nappii LTZ. ET NIED. — C.

— — var. Darwinii id. — (Südl. Argent., Patag.)

— retorta GR. — C.

— recurvata L. — C., T., B.-A. (Am. trop. et temp.)

— capillaris R. ET P. — J. (Peru, Boliv.)

— bryoides GR. — C., T., O. (Brasil. austr.)

— erecta GILLIES. — Men.

— propinqua GAY. — C. (Boliv., Chile bor.)

— rectangula BAK. — C.

— pusilla GILLIES — Men.

— Gilliesii BAK. — Men.

— cordobensis HIER. (recurvata e. p. BAK.) — C.

— usneoides L. — Ct., T., E., C. (Am. trop. et temp.)

Orchideae.

Stigmatostalix #brachycion G. RCHB. — S.

Epidendrum #sp. — O.

Isochilus #linearis. — O. (Trop. Am.)

Aëranthus #filiformis. — O. (Trop. Am.)

Oncidium #Batemannianum. — Ct., T. (Brasil. aust.)

— #bifolium SIMS. — E., T.

— #viperinum LINDL. — Urug., T. (Parag.)

Filices.

†Hymenophyllum Wilsoni HOOK. — C. S. (ubiq.)

†Trichomanes #sinuosum RICH. — T. (Trop. Am.)

†Acrostichum viscosum SW. — C., S. (Trop. Am.)

Asplenium #furcatum THUNB. — T. (Ubiq. Trop.)

Polypodium #areolatum KTH. — T. (Trop. Am.)

— #incanum SW. — E., T. (Am. trop. et temp.)

— vaccinifolium LANGED. ET FISCH. — E., T., S., B-A. (Trop. Am.)

— #Phyllitidis L. var. repens. — T. (Trop. Am.)

— macrocarpum PRL. — B.-A., C., T. etc. (And. trop.)

— #lycopodioides. — T. (Trop. Am. et Afr.)

Die vorhergehende Liste ist in mancher Hinsicht sehr lehrreich. Zunächst fallt es auf, dass die beiden am weitesten in die nördliche Zone eindringenden Epiphyten, Till. usneoides und Polypodium incanum, auch in Argentinien zu denjenigen gehören, die sich am weitesten vom Wendekreis entfernen. Hierin werden dieselben jedoch noch von Tillandsia recurvata, die auch in Florida vorkommt, und einigen endemisch argentinischen Arten aus der Verwandtschaft der letzteren übertroffen; es ist bekannt, dass Pflanzentypen an der Grenze ihres Verbreitungsbezirks sehr grosse Neigung zum Ausarten und Variiren besitzen, und diesem Umstand scheint der reiche argentinische Formenkreis von Till. recurvata (Untergatt. Diaphoranthema) seinen Ursprung zu verdanken. Die beiden einzigen Epiphyten, die in die patagonische Region übertreten, sind Till. bryoides und Till. Nappii, beide auch in ganz Argentinien verbreitet, letztere jedoch in Patagonien eine besondere Varietät, Darwinii LOR. ET NIEDERL., bildend. Wie die genannten Tillandsia-Arten, sind auch die übrigen argentinischen Epiphyten entweder mit tropischen Arten identisch oder mit solchen nahe verwandt; nicht tropische Elemente sind unter denselben nicht vertreten.

Die atmosphärische Vegetation Argentiniens besteht demnach, ähnlich wie die nordamerikanische, ausschliesslich aus tropischen Einwanderern, die zum grösseren Theil unverändert blieben, zum kleineren sich vom ursprünglichen Typus etwas entfernten.

Die atmosphärische Vegetation Argentiniens zeigt noch darin eine andere bedeutsame Analogie mit derjenigen der Vereinigten Staaten, dass **die dieselbe zusammensetzenden Arten beinahe sämmtlich solche sind, die ausgeprägte Schutzmittel gegen Transpiration besitzen** und im tropischen Urwald nur auf den höchsten Baumgipfeln gedeihen, während sie in den doch dichten Urwäldern der argentinischen Provinz Tucuman auf den Stämmen und dicken Aesten der Bäume wachsen. Tillandsia recurvata, die mit ihren Verwandten die ärmliche atmosphärische Flora der argentinischen Savannenwälder wesentlich bildet, gedeiht in den tropischen Savannen an den trockensten, sonnigsten Standorten, wo andere Tillandsien gar nicht mehr vorkommen, und Aehnliches gilt von den diese Tillandsien begleitenden kleinen Polypodium-Arten. Die an grössere Feuchtigkeit gebundenen Epiphyten des tropisch-amerikanischen Urwalds, wie dünnblätterige Orchideen mit und ohne Scheinknollen, grüne Bromeliaceen, Gesneriaceen, grössere oder zartere Fame, epiphytische Holzpflanzen, gehen der argentinischen atmosphärischen Vegetation, ähnlich wie der nord-amerikanischen, beinahe gänzlich ab; die einzigen hierher gehörigen Arten sind die wenigen Peperomien, mit Ausschluss der reflexa, Trichomanes sinuosum und Vriesea rubra, sämmtlich Bewohner der feuchten, dichten, subtropischen Wälder am Fusse der Anden.

Die grosse Analogie, z. Thl. Uebereinstimmung der atmosphärischen Flora in den südlichen Vereinigten Staaten und Argentinien hängt mit der klimatischen Analogie dieser Länder zusammen. Mangel an hinreichender Feuchtigkeit hinderte in beiden Ländern das Uebergehen der Schattenpflanzen des Waldbodens auf die Baumstämme und hiermit die Entstehung einer autochthonen epiphytischen Vegetation, aber nicht das Eindringen tropischer Epiphyten, die im heimathlichen Urwald, auf ihrem Wege aus der feuchten Tiefe nach der sonnigen Oberfläche des Laubdaches, die nöthigen Anpassungen allmählich erworben hatten.

Die Arbeiten von LORENTZ und HIERONYMUS enthalten zahlreiche Angaben über die atmosphärische Vegetation der verschiedensten Gebiete Argentiniens, die uns theils die Physiognomie derselben an ihrer süd-östlichen Grenze vor Augen bringen, theils für die Anschauungen, welche wir uns über die Lebensbedingungen derselben gebildet haben, neue Belege bringen und daher an dieser Stelle nähere Berücksichtigung finden sollen.

Den grössten Reichthum an Arten und Individuen zeigt die epiphytische Genossenschaft in den subtropischen Wäldern des Nord-Westens (23–28° S. B.), »diese Region ist bedingt durch die hohen Felsenstirnen der Cordilleren und ihrer Ausläufer (zu denen auch der Aconquija-Stock gehört), welche sich dem mit Dünsten beladenen, vom Atlantischen Ocean kommenden Winde entgegenstemmen und ihm seine Feuchtigkeit entziehen.« (LORENTZ 1, p. 39.) Der subtropische Hochwald »bekleidet den unteren Theil der Berghänge; … auf ihn folgt nach oben, jedoch nicht überall, die Pino-Region (Podocarpus angustifolia), auf diese die Aliso-Region (Alnus ferruginea var. Aliso); darauf die Queñoa-Region (Polylepis racemosa), endlich die alpine Region (Wiesen).« Diese Regionen sind nicht streng parallel, sondern zeigen mancherlei Unregelmässigkeiten, auf welche hier nicht eingegangen zu werden braucht.

Der subtropische Hochwald besteht aus sehr ungleich hohen, zum Theil mächtigen Bäumen, deren Zwischenräume von Lianen und ziemlich dichtem Unterholz eingenommen sind, während Farne oder, an helleren Stellen, Gräser und verschiedene Kräuter den Boden überziehen. Die Elemente des Waldes zeigen noch viele Anklänge an

Brasilien (Nectandra, Eugenia, Tecoma, Cedrela brasiliensis var. australis, Croton, Acalypha, Boehmeria, Abutilon, Malpighiaceen, Sapindaceen, Passifloren etc.); von den auffallenderen Bestandtheilen des brasilianischen Küstenwalds gleicher Breite fehlen z. B. die Palmen, Cecropien, Feigenbäume, Baumfarne, epiphytische und kletternde Araceen etc. (Näheres über diese Wälder namentlich bei HIERONYMUS 2.) An den Stämmen sieht man in grosser Menge gelb blühende Oncidium-Arten (O. Botemanni, viperinum), stattliche Bromeliaceen (Chevaliera grandiceps, Vriesea rubra) neben kleinen Tillandsien, wie T. recurvata, Rhipsalis-Arten (namentlich R. sarmentacea), einige Peperomien (namentlich P. polystachya und P. reflexa) und sehr verschiedene, beinahe sämmtlich zu Polypodium gehörende Farne (P. areolatum, incanum, macrocarpum, Phyllitidis, lycopodioides, Asplenium furcatum), neben einer Fülle von Moosen, Flechten etc.; von den Zweigspitzen hängt Till. usneoides. Die anderen für die subtropischen Wälder angegebenen Epiphyten sind weit weniger verbreitet.

In der Pino- und namentlich der Aliso-Region (3500–7000') sind die epiphytischen Bromeliaceen und Farne weniger mannigfach, die Orchideen seltener geworden, die Rhipsalis verschwunden; von den Peperomien ist nur P. reflexa verblieben, diejenige Art, die wir auch auf der Serra de Picú in Brasilien am höchsten trafen und die, wie ihr häufiges Vorkommen in Savannen zeigt, neben niederer Temperatur auch Trockenheit gut verträgt. Tillandsia usneoides ist in dieser Region häufiger als in der subtropischen.

Auf den zu lockeren Gebüschen vereinigten oder einzeln stehenden Queñoa-Bäumchen, die in der nach ihnen genannten Region den Baumwuchs allein noch darstellen, wächst die Tillandsia usneoides weit reichlicher als in den tieferen Regionen, während die übrigen Epiphyten beinahe ganz fehlen.

Der subtropische Uferwald am Uruguay und Paraná, der, längs der Nebenflüsse des letzteren sich fortsetzend, mit dem Andenwald zusammenhängt, setzt sich zum grossen Theil aus den gleichen Elementen wie dieser zusammen. Die Epiphyten sind jedoch, wenigstens in der südlichen Provinz Entre-Rios, spärlicher als im Andenwald und enthalten nur ein charakteristisches, dem letzteren fehlendes Element, Oncidium bifolium; im Uebrigen finden wir in demselben nur xerophile Tillandsien (T. dianthoides, ixina, unca, usneoides) und kleine Polypodien (P. incanum, vaccinifolium). Der ganze Charakter der atmosphärischen Vegetation deutet auf grössere Trockenheit als im Andenwald.

In den weniger dichten Wäldern der Gran Chaco-, Monte- und Pampas-Region ist die epiphytische Vegetation noch mehr ausgesprochen xerophil und auf einige graue Tillandsien aus den Untergattungen Anoplophytum und Diaphoranthema, sowie kleine Polypodium-Arten (P. macrocarpum, vaccinifolium), ein Cereus (C. Donkelairii), sämmtlich Arten, die ein sehr hohes Maass von Trockenheit vertragen, reducirt. Till. recurvata kommt in einer Zwergform auf den Cacteenhecken bei Buenos-Ayres vor (BAKER 1, p. 239).

7. Dem tropisch-amerikanischen Urwalde entspricht vollkommen, in Bezug auf die Ueppigkeit und Reichhaltigkeit seiner Epiphyten, der indisch-malayische; auch in diesem finden wir solche Gewächse nur da reichlich vorhanden, wo ihnen grosse Feuchtigkeit zur Verfügung steht, und diejenigen Formen, die auf Savannenbäumen vorkommen, dürften, ähnlich wie in Amerika, als Flüchtlinge aus dem Urwald zu betrachten sein. Es liegt nicht in meiner Absicht, einen genauen Vergleich zwischen den Epiphyten der westlichen und der östlichen Hälfte des Tropengürtels auszuführen; abgesehen davon, dass derselbe dem schon Gesagten wahrscheinlich nichts sehr Wesentliches hinzufügen würde, fehlt es mir für einen solchen Vergleich an eigenen Beobachtungen. Von Interesse ist es dagegen, und auf Grund der vorliegenden Litteratur durchführbar, zu untersuchen, inwiefern die extratropischen Wälder der östlichen Hemisphäre, ähnlich wie die der westlichen, Colonisten aus der indo-malayischen Epiphytenformation erhalten haben. Die südlichen atlantischen Staaten Nordamerikas, namentlich Louisiana, Alabama und Florida, haben ein klimatisches Aequivalent in den südlichen Inseln Japans, die, ungefähr auf derselben Breite wie jene gelegen, ihnen auch in Bezug auf Temperatur und Feuchtigkeit vollständig vergleichbar sind[27], während Mittel- und Nordjapan feuchter sind als die atlantischen Staaten gleicher Breite. **Die epiphytische Genossenschaft im südlichen und mittleren Japan** – im Norden scheint sie zu fehlen – **ist derjenigen des genannten amerikanischen Gebiets ebenfalls durchaus vergleichbar, indem sie sehr arm ist und sich beinahe ausschliesslich aus Einwanderern aus dem indo-malayischen Gebiete zusammensetzt.** Ihre Bestandtheile sind einige wenig häufige Orchideen (Malaxis japonica, Dendrobium moniliferum, Luisia teres, Sarcochilus japonicus), die entweder im indo-malayischen Gebiet vorkommen oder doch zu Gattungen des letzteren gehören, und ziemlich zahlreiche, theilweise sehr häufige Farngewächse (Polypodium-Arten, Vittaria lineata, Davallia bullata, Asplenium Nidus, Hymenophylleen, Psilotum triquetrum, Lycopodium Sieboldii).

Bemerkenswerth ist, dass die epiphytische Genossenschaft Japans zwei Arten mit Florida gemeinsam hat, Vittaria lineata (auf Kiusiu) und Psilotum triquetrum; beide Arten sind übrigens tropische Ubiquitären.

Das Verhalten der Epiphyten im extratropischen Australien ist demjenigen derselben in Argentinien vergleichbar. Die tropischen Urwälder von Nord-Australien und Queensland, die von DRUDE zum indischen Florenreich gerechnet werden, sind offenbar in Folge ihres weniger gleichmässig feuchten Klima etwas armer an Epiphyten als die benachbarten malayischen Inseln. Im extratropischen Australien bleibt die epiphytische Genossenschaft streng an die feuchtere Ostküste gebunden; sie ist in N.-S.-Wales noch ziemlich artenreich, obwohl nur aus Orchideen und Farnen zusammengesetzt, fehlt dagegen im trockenen West-Australien gänzlich. Ihre Bestandtheile sind ausschliesslich indo-malayisch, mit Ausnahme einiger wenigen antarktischen Farne.

Während die Süd-Staaten Nordamerikas und Argentiniens keine autochthonen, sondern nur tropische, epiphytische Gefässpflanzen enthalten, kommen in Australien und in Japan ein paar Farne vor, die an Ort und Stelle die epiphytische Lebensweise angenommen haben; es sind überhaupt die Farne, die sich unter allen Gefässpflanzen der letzteren am leichtesten anbequemen. **Bei weitem der Hauptsache nach besteht aber die epiphytische Genossenschaft im extratropischen Australien und in Japan, wie im extratropischen Amerika, aus tropischen Colonisten;** auch hier war das Klima feucht genug für Pflanzenformen, die sich bereits an epiphytische Lebensweise angepasst hatten, aber nicht hinreichend feucht, um, abgesehen von wenigen Farnen, den autochthonen Elementen der Flora den Uebergang des Bodens auf die Baumäste zu gestatten.

8. Nach den Ergebnissen, zu welchen wir in Bezug auf das temperirte Nord-Amerika und Argentinien gelangt sind, könnte man geneigt sein, anzunehmen, dass das extratropische Amerika seine epiphytische Vegetation, mit Ausnahme der Moose und Flechten, ausschliesslich aus dem tropischen erhalten habe. Die Sache verhält sich jedoch anders. **Neben dem tropischen gibt es in Amerika einen zweiten, weit kleineren Bildungsherd epiphytischer Gewächse, das antarktische Waldgebiet,** »wo die Niederschläge so massenhaft fallen und die Tage des Regens und umwölkten Himmels so häufig auftreten, wie es ausserhalb der Tropenzone sonst nur an wenig vereinzelten Orten vorkommt«[28]. Die Küste ist von ca. 30° S. B. bis zur äussersten Spitze von Fuegia von dichten Wäldern bedeckt, die in ihrem nördlichen Theil noch aus einem sehr verschiedenartigen Baumschlag bestehen, während nach Süden Buchen (F. antarctica und F. betuloides) sie beinahe allein zusammensetzen. Diese Wälder enthalten eine sehr üppige und, wenn auch nicht formenreiche, so doch sehr eigenartige, von derjenigen des tropischen Amerika durchaus abweichende epiphytische Vegetation[29].

Ich habe versucht, die Epiphyten des antarktischen Waldgebiets nach der Litteratur zusammenzustellen. Die Liste ist, trotz meiner Bemühungen, jedenfalls, namentlich was die Farne betrifft, unvollständig geblieben.

Epiphyten des antarktischen Waldgebiets, speciell Süd-Chiles.

Die mit einem # versehenen Arten sind in HOOKER's *Flora antarctica* enthalten und gehen somit am weitesten südlich.

Filices.

Hymenophyllum #rarum.

— aeruginosum.

— #pectinatum.

— #cruentum.

— #chiloense u. a. A.

Asplenium #magellanicum.

— trapezoideum.

Polypodium australe.

Grammitis repanda.

— #australis.

Liliaceae.

Luzuriaga erecta.

— radicans.

Bromeliaceae.

Rhodostachys bicolor. (Südl. Grenze 42° n. OCHSENIUS.)

Piperaceae.

Peperomia australia.

Gesneraceae.

Sarmienta repens.

#Mitraria coccinea.

Asteranthera ovata.

Cornaceae.

?Griselinia sp.

Der merkwürdigste Bestandtheil der Epiphytengenossenschaft Süd-Chiles ist die einer ganz antarktischen Smilaceengruppe gehörende Gattung Luzuriaga, von welcher die eine Art einen strauchigen, die andere einen kletternden Epiphyten darstellt.

Wenn es sich bestätigt, dass die Gattung Griselinia in Süd-Chile epiphytisch wächst, was, nach BALL, wahrscheinlich ist, so würde dieselbe ebenfalls zu den eigenartigsten Gliedern der Genossenschaft zu rechnen sein, da die Familie der Cornaceen, soweit meine Erfahrungen reichen, sonst nur terrestrische Pflanzen enthält.

Dass das antarktische Waldgebiet eine von derjenigen des tropischen Amerika wesentlich abweichend zusammengesetzte Epiphytengenossenschaft besitzt, kann uns bei seiner niederen Temperatur und seiner Trennung vom tropischen Waldgebiete durch ausgedehnte Länder, welche, wegen Mangels an Feuchtigkeit, der Durchwanderung tropischer Typen grosse Schwierigkeiten entgegensetzen, nicht wundern. Die Flora des antarktischen Waldgebiets besitzt, in Folge dieser Umstände, überhaupt mehr den Charakter einer Inselflora als denjenigen des Theils eines Continents.

Bei der grossen Verbreitungsfähigkeit der Epiphytengenossenschaft könnte man vielleicht denken, dass letztere im antarktischen Amerika doch nicht autochthon sei, sondern sich aus Emigranten des östlichen Theils der Tropenzone recrutirt habe, und zwar durch Vermittelung der temperirten Süd-Seegebiete, die in ihrer Vegetation so viel Aehnlichkeit mit dem antarktischen Waldgebiet besitzen, dass ENGLER letzteres mit Neu-Seeland, Süd-Australien, Tasmanien, den antarktischen Inselgruppen und dem Cap der guten Hoffnung in ein Florenreich, das altoceanische, vereinigt.

Diese verschiedenen Gebiete des altoceanischen Florenreichs enthalten theilweise allerdings einige Epiphyten, die tropischen Gattungen, theilweise sogar Arten der östlichen Hemisphäre angehören. **Solche gerontogäische tropische Elemente fehlen hingegen im antarktischen Waldgebiet, mit Ausnahme einiger Hymenophyllen, gänzlich; die epiphytische Vegetation des letzteren ist wesentlich eine autochthone.**

Der antarktische Wald ist übrigens nicht das einzige extratropische Gebiet, wo die einheimischen Gewächse sich der Lebensweise auf Bäumen anbequemten. Das auf derselben Breite gelegene und klimatisch mit Süd-Chile sehr ähnliche Neu-Seeland hat vielmehr ebenfalls, ausser einigen tropischen Einwanderern, eine Anzahl autochthoner Epiphyten aufzuweisen.

Epiphyten Neu-Seelands.

Lycopodiaceae.

Lycopodium varium.

— Billardieri.

Tmesipteris Forsteri.

Psilotum triquetrum.

Filices.

Hymenophyllum rarum.

— tunbridgense.

— unilaterale.

— minimum.

— pulcherrimum.

— flabellatum.

— aeruginosum.

— Lyallii.

Trichomanes humile.

— Colensoi.

— venosum.

Asplenium bulbiferum.

Polypodium australe.

— Grammitidis.

— pustulatum.

— Cunninghami u. a. A.?

Liliaceae.

Astelia Curminghami.

— Solandri.

— Banksii.

— u. a. A.?

?Luxuriaga sp.

Orchideae.

Earina mucronata.

— autumnalis.

Dendrobium Cunninghami.

Bolbophyllum pygmaeum.

Sarcochilus adversus.

Piperaceae.

Peperomia Urvilleana.

Die epiphytische Genossenschaft ist in Neu-Seeland reicher an tropischen Typen als in Süd-Chile, und unter denselben befindet sich Psilotum, das im tropischen und subtropischen Amerika, wie auch in den feucht-warmen Gebieten der alten Welt weit verbreitet, das antarktische Waldgebiet nicht erreicht. Der eigenartigste Bestandtheil der Epiphytengenossenschaft Neu-Seelands und, neben Farnen, der gewöhnlichste ist, ähnlich wie in Süd-Chile, eine ziemlich formenreiche Liliacee, Astelia, die sich in ihrer Lebensweise an die Bromeliaceen anzuschliessen scheint.

Die Uebereinstimmung zwischen der Zusammensetzung der Epiphytengenossenschaft in Neu-Seeland und Süd-Chile ist geringer, als man sie bei der scheinbar grossen klimatischen Aehnlichkeit beider Gebiete erwartet haben dürfte; sie beschränkt sich auf drei Farne, Hymenophyllum rarum, H. aeruginosum und Polypodium australe, die in der südlichen temperirten Zone überhaupt, das erstere auch auf Ceylon etc., sehr verbreitet sind. Die Ursache davon scheint jedoch eher in klimatischen Einflüssen als in dem Mangel an Verbreitungsmitteln zu liegen, indem jedes der Gebiete den eigenartigsten der Typen, aus welchen die epiphytische Genossenschaft des anderen sich recrutirt hat, besitzt. Eine nicht epiphytische Astelia wächst nämlich an der Magellanstrasse, während eine (epiphytische?) Luzuriaga neuerdings, als grosse Seltenheit, auf Neu-Seeland gefunden worden ist.

Süd-Chile und Neu-Seeland besitzen nur wenige epiphytische Arten, die Wälder beider Gebiete stehen in dieser Hinsicht weit hinter denjenigen des tropischen Amerika und des indo-malayischen Florenreichs zurück. Die Ursache dieser Armuth ist nicht schwer zu errathen. Süd-Chile und Neu-Seeland besitzen überhaupt eine wenig formenreiche Flora und konnten daher nur wenige autochthone epiphytische Arten erzeugen, indem die Fähigkeit, die terrestrische Lebensweise gegen die epiphytische zu vertauschen, wie wir es gesehen, eine Constellation von Eigenschaften voraussetzt, die sich nur bei relativ wenigen Pflanzen befindet. Andererseits standen der Einwanderung von Epiphyten aus den Tropen, dem Austausch zwischen Neu-Seeland und Süd-Chile klimatische und topographische Hindernisse entgegen, welche die Bereicherung auf solchem Wege sehr einschränkten. Ganz anders in den tropischen Waldgebieten der neuen und der alten Welt. Hier auch müssen wir annehmen, dass eine neue Form, welche die zur epiphytischen Lebensweise nöthigen Eigenschaften vereinigte, relativ nur selten entstand; war sie aber einmal gebildet, so trugen Wind und Vögel ihre Samen in kurzer Zeit von einem Ende des Waldes zum anderen, wo bei der Gleichmässigkeit der klimatischen Bedingungen der Kampf gegen die Mitbewerber allein über ihr Fortbestehen entschied. Bei der ungeheuren Ausdehnung der tropischen Wälder, dem Formenreichthum ihrer Flora musste die epiphytische Genossenschaft eine reichere werden als in den kleinen, abgeschlossenen Gebieten der australen temperirten Zone;

der Endemismus musste sich in derselben aber noch weit schwächer erhalten als in der Bodenvegetation.

Das wesentlichste allgemeine Resultat, zu welchem uns die Betrachtung der epiphytischen Flora im antarktischen Amerika und in Neu-Seeland führt, ist, dass, ähnlich wie in den hohen Regionen tropischer Gebirge, **auch in hohen Breiten autochthone Pflanzenformen die epiphytische Lebensweise annehmen, wenn die atmosphärische Feuchtigkeit hinreichend gross ist**.

9. Dass Feuchtigkeit der maassgebende Factor für das Auftreten atmosphärischer Gewächse ist, ergibt sich überall in deutlichster Weise aus den vorhandenen meteorologischen Angaben. HANN's meteorologischer Atlas enthält eine allerdings nur provisorische und noch unvollkommene Karte der jährlichen Regenmenge auf der ganzen Erde und eine solche der zeitlichen Regenvertheilung. Die Betrachtung Amerikas auf diesen Karten zeigt uns, dass die Gebiete, deren jährliche Regenmenge 200 cm übertrifft, allein autochthone Epiphyten aufzuweisen haben. Diesen Bedingungen entsprechen nämlich, zwischen den Wendekreisen, die Ostküste Centralamerikas, die Ostseite der grossen Antillen, die kleinen Antillen, das Orinoco-Delta, ein Theil Guianas, die brasilianische Küste. Eine nur scheinbare Ausnahme bildet die Hylaea, die nach der Karte 130–200 cm Regen erhalten soll. Einmal ist die Regenmenge am oberen Amazonas weit grösser (z. B. 284 cm in Iquitos[30], dann tritt in den Galleriewäldern, wie an den Ufern aller grossen Flüsse, reichlich Nebel- und Thaubildung auf. »Diese Nebel tränken die Pflanzen in der trockenen Zeit und gestatten für die Flussufer eine abweichende und üppige Vegetation« (HANN). Wie gross die Thaubildung auf dem Amazonenstrom ist, geht u. a. aus folgender Stelle bei POEPPIG[31] hervor: »Kühl ist dann (d. h. am Morgen) die Luft, und das Blätterdach des schwimmenden Hauses träuft von dem Thaue der nächtlichen Fahrt, als sei soeben ein heftiger Platzregen gefallen.«

Ausserhalb der Wendekreise haben in Amerika nur wenige Gebiete sehr beschränkter Ausdehnung über 200 cm Regen; es sind in Süd-Amerika die extratropische süd-brasilianische Küste (S. Paulo bis S. Catharina) und die Westküste Chiles und Feuerlands[32], Gebiete, deren Reichthum an Epiphyten hervorgehoben wurde. Im extratropischen Nord-Amerika gehört zu diesen feuchtesten Gebieten nur die dicht bewaldete nordwestliche Küste, ungefähr vom 46.° bis 60.° N. B. Ueber das Vorkommen oder Fehlen von Epiphyten in diesen Wäldern ist mir nichts bekannt; dasselbe dürfte aber, da letztere aus Nadelhölzern bestehen, die wenig transpiriren und die atmosphärischen Dünste leicht durchlassen, unwahrscheinlich sein.

Die ausgedehntesten Gebiete grosser atmosphärischer Feuchtigkeit befinden sich in der östlichen Hemisphäre wiederum zwischen den Wendekreisen, und zwar vorwiegend im nordöstlichen Indien (Sikkim etc.), auf der Malayischen Halbinsel, dem Malayischen Archipel, den Philippinen und Süd-China. In Afrika sind die Gebiete, wo die jährliche Regenmenge 200 ccm übersteigt, von viel geringerer Ausdehnung; daraus dürfte sich zur Genüge die vielfach angestaunte Armuth der Epiphytengenossenschaft in Afrika erklären.

Ausserhalb der Tropen besitzt auf der östlichen Hemisphäre Neu-Seeland, nach der HANN'schen Karte, allein über 200 cm jährlichen Regens, sodass diese Hauptbedingung für die Entstehung autochthoner Epiphyten ähnlich erfüllt war wie in den tropischen Waldgebieten und in Süd-Chile.

Neu-Seeland und Süd-Chile sind denn auch die einzigen extratropischen Gebiete, die autochthone phanerogamische Epiphyten aufzuweisen haben. In feuchteren Gebirgsgegenden der temperirten Gebiete sieht man zuweilen die Farne des Bodens auch auf den Bäumen wachsen, so an der atlantischen Küste Europas Davallia canariensis, Asplenium Hemionitis und das in den feuchten Gebieten der ganzen Welt verbreitete Hymenophyllum tunbridgense.

In den feuchten Anlagen von Cintra bei Lissabon habe ich Polypodium vulgare auf vielen Bäumen gesehen, und die gleiche Farnart, allerdings in einer etwas abweichenden Varietät (var. Teneriffae) bildet mit Davallia canariensis und Asplenium Hemionitis eine ziemlich üppige atmosphärische Vegetation in den feuchten Wäldern der Nebelregion auf Teneriffa (CHRIST); die Davallia ist auch sonst auf der Insel verbreitet und steigt, »ob Matanzas an der vom Wind bestrichenen feuchten N.O.-Seite der Palmenstämme bis in deren Wipfel empor« (CHRIST, p. 473). Einige Farne bilden auch, wie wir es früher gesehen, die einzigen autochthonen Bestandtheile der sonst aus tropischen Einwanderern bestehenden epiphytischen Genossenschaft Japans. Die Farne sind demnach weit eher im Stande als die Phanerogamen, schon bei relativ geringer Feuchtigkeit epiphytische Lebensweise anzunehmen, und nähern sich in dieser Hinsicht den noch weit mehr genügsamen Moosen.

In den Gebieten mit geringerer Regenmenge finden wir autochthone Epiphyten nicht, wohl aber stellenweise xerophile Auswanderer aus den feuchten Gebieten, z. B. in den Llanos Venezuelas, den Campos und Catingas Brasiliens zwischen den Wendekreisen; in den südlichen Staaten Nord-Amerikas und in Argentinien ausserhalb derselben. Das Fehlen der Epiphyten ist unzweifelhaft auf die geringe Menge und ungleichmässige Vertheilung der Niederschläge während der Vegetationsperiode zurückzuführen.

Gänzlich fehlen die epiphytischen Gefasspflanzen in den Gebieten, deren Temperatur das Gedeihen tropischer Einwanderer nicht mehr erlaubt und deren Feuchtigkeitsverhältnisse diesen Uebergang terrestrischer Gewächse auf die Baumrinde nicht gestatten, wie in Nord-Amerika nördlich vom 38.°, oder wo bei anscheinend günstigen klimatischen Bedingungen, die das Gedeihen xerophiler Colonisten der tropischen epiphytischen Floren ermöglichen würden, einer Einwanderung solcher unüberwindliche Hindernisse entgegenstehen, wie in den Mediterranländern, die durch beinahe baumlose, für jede atmosphärische Vegetation viel zu trockene Steppen und Wüsten von den tropischen Waldgebieten getrennt sind. Wir haben gesehen, dass die in und bei der Stadt Algier gepflanzten Dattelbäume in den Basen ihrer abgestorbenen Blätter, wo sich reichlich Erde ansammelt, vielfach eine üppige Vegetation ernähren; auch für diese niederste Stufe des Epiphytismus ist in den Oasen der Sahara die Regenmenge zu gering; ich habe auf den zahllosen Dattelbäumen der Oasen von Biskra (jährliche Regenmenge 3 cm) nie eine Pflanze wachsen sehen, obwohl der Wind unzweifelhaft, neben Staub, die Samen der an hohe Trockenheit angepassten Pflanzen der Wüste oft genug in die Basen der abgestorbenen Blätter bringt.

Nicht bloss die Regenmenge, sondern der derselben proportionale Wasserdampf der Luft und der Thau sind als maassgebende Factoren für die epiphytische Vegetation zu betrachten, wie daraus hervorgeht, dass in den Savannengebieten die die Flüsse einfassenden Galleriewälder eine viel üppigere und formenreichere epiphytische Vegetation ernähren, als der benachbarte dünne Savannenwald. Autochthone Epiphyten finden wir nur in Gebieten, in welchen während der feuchten Jahreszeit die Lüft stets nahezu mit Wasserdampf gesättigt und wo in der trockenen die Thaubildung noch reichlich ist, wie ich aus dem Vorkommen von Wasser in den Blatttrichtern der Bromeliaceen während der trockenen Jahreszeit in Venezuela und Trinidad constatiren konnte.

Dass hygrophile und überhaupt autochthone Epiphyten in Gebieten mit mehrmonatlicher, nahezu regenloser trockener Jahreszeit vorkommen, ist mir mehr denn zweifelhaft; so fehlen solche in der Provinz Ceara, die grossen Dürren[33]ausgesetzt ist, ganz und gar.

An epiphytische Lebensweise angepasste Pflanzenarten sind, nach dem Vorhergehenden, in Amerika ausschliesslich im tropischen und im antarktischen Walde entstanden. In beiden beruht der Ursprung der Epiphytengenossenschaft auf der Thätigkeit des Windes und der Thiere, die die Samen der Bodenpflanzen auf die Bäume trugen, auf der atmosphärischen Feuchtigkeit, welche die normale Entwickelung der Pflanzen aus diesen Samen ermöglichte. Manche Pflanzenarten vermochten sich ebensowohl auf dem Boden, wie auf den Bäumen zu behaupten, und erhielten daher keine Anpassungen an epiphytische Lebensweise, während andere nur dem Umstande, dass sie auf Bäumen (und theilweise auf kahlen Felswänden) gedeihen konnten, ihr Fortbestehen im Kampfe ums Licht verdankten. Solche Pflanzen passten sich der epiphytischen Lebensweise mehr oder weniger vollkommen an, zum Theile jedoch ohne die Fähigkeit einzubüssen, unter günstigen äusseren Verhältnissen auch als Bodenpflanzen zu leben; die Anpassungen sind nämlich vielfach nicht derart, dass sie terrestrische Lebensweise ausschliessen; letzteres ist jedoch häufig, am auffallendsten bei der wurzellosen Tillandsia usneoides, bei Aëranthus-Arten mit assimilirenden Wurzeln etc. der Fall.

Von den durch den Kampf ums Licht wesentlich auf epiphytische Lebensweise angewiesenen Arten verblieben die einen im Schatten und Halbschatten, während vollkommenere Anpassung eine grosse Zahl anderer in den Stand setzte, an der Oberfläche des Laubdaches das direkte Sonnenlicht zu geniessen. Während die ersteren ausgesprochen hygrophil verblieben und den feuchten Urwald nicht verliessen, waren die Sonnenepiphyten relativ xerophil geworden und konnten daher auch ausserhalb des Urwalds leben. In der That haben sich diese xerophilen Elemente der Epiphytengenossenschaft weit über die Grenzen des Urwalds hinaus verbreitet; sie haben die Savannenwälder des inneren tropischen Amerika colonisirt und die Wendekreise nach Norden und Süden bedeutend überschritten.

Der zweite amerikanische Bildungsherd epiphytischer Gewächse, der antarktische Wald, hat eine weit weniger reiche epiphytische Vegetation als der tropische aufzuweisen, was auf seine kleine Ausdehnung und die Gleichartigkeit seines Klimas zurückzuführen ist. Auch die antarktische Epiphytengenossenschaft hat tropische Colonisten erhalten, jedoch nur in sehr geringer Zahl, eine Folge der niederen Temperatur und der gleichsam insularen Lage des antarktischen Waldes, der von dem tropischen durch Wüsten und Pampas, wo das epiphytische Leben so gut wie ganz fehlt, getrennt ist.

Von den drei Waldgebieten Amerikas haben, nach dem Gesagten, nur zwei autochthone Epiphyten aufzuweisen. Epiphyten fehlen im pacifisch-nordamerikanischen Walde gänzlich und im atlantischen nur durch tropische Colonisten vertreten. Als die Ursache des Fehlens autochthoner Epiphyten in den nord-amerikanischen Wäldern haben wir die unzureichende Menge der atmosphärischen Niederschläge und den zu geringen Dampfgehalt der Luft erkannt. Während im feuchten tropischen und antarktischen Walde viele Pflanzen des Bodens auf den Bäumen gedeihen und dann, durch allmähliche Anpassung, relativ xerophil werden konnten, war in den weniger feuchten nordamerikanischen Wäldern der erste Schritt, der Uebergang der terrestrischen Gewächse auf die Bäume, unmöglich und hiermit die Entstehung einer autochthonen Epiphytengenossenschaft von vornherein ausgeschlossen. Dagegen ist die Feuchtigkeit in einem grossen Theile des nord-amerikanischen Waldgebiets für die xerophil gewordenen Epiphyten der Tropen hinreichend gross, und wir sehen diese daher überall nach Norden dringen, wo Sommerregen herrschen. So kam die eigenthümliche Erscheinung zu Stande, dass der temperirte nord-amerikanische Wald eine ausschliesslich tropische atmosphärische Vegetation trägt. Ganz das gleiche, wie in Nordamerika, wiederholt sich in den Wäldern Argentiniens, wo das Klima für die Entstehung einer autochthonen Epiphytenflora ebenfalls zu trocken war, aber zahlreiche tropische Einwanderer auf den Stämmen und Aesten der Bäume wachsen, während, weiter nach Süden, im feuchten Süd-Chile, mit der plötzlichen Zunahme der Feuchtigkeit auf einmal eine neue autochthone Epiphytengenossenschaft zum Vorschein kommt.

Schluss.

1. Pflanzengeographische Untersuchungen sind bis jetzt beinahe stets in Zusammenhang mit der Systematik ausgeführt worden. Zur Charakteristik der Vegetation der einzelnen Gebiete bringt man die Aufzählung der Bestandtheile ihrer Flora, und die Grenzen derselben werden nach den Arealen bestimmter Pflanzengruppen bestimmt; wo die Physiognomie der Flora in Betracht gezogen wird, benutzt man zu ihrer Charakteristik die sogenannten Vegetationsformen, durch welche bloss ein vager Begriff des landschaftlichen Eindrucks, aber kein Einblick in die diese Physiognomie bewirkenden Ursachen gewonnen wird.

Dass die Verknüpfung von Systematik und Pflanzengeographie durchaus berechtigt ist, geht aus dem bis jetzt auf diesem Gebiete Geleisteten mit Sicherheit hervor und bedarf hier keiner weiteren Ausführung. In der vorliegenden Arbeit habe ich jedoch eine andere Richtung in der Pflanzengeographie eingeschlagen, die, von der Systematik ganz absehend, von den Wechselbeziehungen zwischen der Pflanze und ihrer Umgebung ausgeht, um zunächst die verschiedenartige Physiognomie der Floren unserem Verständniss näher zu bringen, und einst vielleicht, in Verbindung mit der systematischen Pflanzengeographie und der Paläontologie, uns einen Einblick in die Entwickelungsgeschichte der Pflanzenwelt und die Betheiligung äusserer Einflüsse an derselben gewähren wird. Es sei ausdrücklich bemerkt, dass ich, mit WEISMANN, diese äusseren Factoren nicht als direkte Veranlassung erblicher Merkmale, also auch der Anpassungen betrachte; ihre Rolle ist auf die Auslese der jeweilig geeignetsten Variationen beschränkt; diese aber verdanken inneren Ursachen ihre Entstehung[34].

Neu ist die biologische Pflanzengeographie übrigens nicht, indem sich in DARWIN's Werken, in GRISEBACH's *Vegetation der Erde*, in meiner ersten Arbeit über Epiphyten und derjenigen über Ameisenpflanzen, in SCHENCK's *Wasserpflanzen* und VOLCKEN's *Wüstenflora* hierher gehörige Anschauungen befinden.

Die von der Systematik unterschiedenen Gruppen, an deren Natürlichkeit ich keine Veranlassung habe zu zweifeln, beruhen auf Merkmalen, die in keinem erkennbaren Zusammenhang mit den Lebensbedingungen stehen. Die systematische Pflanzengeographie verzichtet daher von vornherein auf jede Erklärung; sie lehrt aber die Centren kennen, aus welchen ein neuer Typus sich verbreitet hat, und zeichnet die von ihm eingenommene Area. Die biologische Pflanzengeographie verfolgt diesen neuen Typus in seinen Wechselwirkungen mit der Umgebung, versucht die äusseren Einflüsse festzustellen, welche die Variationen in bestimmte Bahnen lenkten, diejenigen, welche die Ausbreitung neuer Formen begünstigten oder hemmten. Zur Lösung solcher Fragen müssen wir aber, im Gegensatz zu den systematischen Pflanzengeographen, von denjenigen Merkmalen ausgehen, deren Beziehungen zu der Umgebung am klarsten sind, und, da wir aus vereinzelten Erscheinungen keine sicheren Schlüsse ziehen können, die Pflanzen, ohne Rücksicht auf ihre Verwandtschaft, nach der Natur ihrer Anpassungen gruppiren.

In dieser Arbeit haben wir die epiphytisch lebenden Gewächse zu einer solchen Gruppe vereinigt. Wir wussten, dass, während in den Wäldern der meisten temperirten Gebiete im Kampf ums Licht nur niedere Kryptogamen eine Zuflucht auf den Bäumen gefunden haben, in den Urwäldern der Tropen und einiger weniger extratropischer Gegenden die Stämme und Aeste his zu ihrer Spitze von einer üppigen Vegetation phanerogamischer und farnartiger Gewächse bedeckt sind. Die Ursache dieses Unterschieds haben wir in der Ungleichheit der atmosphärischen Niederschläge und des Wassergehalts der Luft nachgewiesen; nur reichliche Bewässerung und dampfreiche Luft stellen höhere Pflanzen in den Stand, als Epiphyten zu gedeihen. Dank der grossen Feuchtigkeit entstand die in der Physiognomie der tropischen Waldlandschaften einen so hervortretenden Zug darstellende Genossenschaft der Epiphyten, deren Eigenartigkeit und Ueppigkeit jedoch auf die in Folge der Lebensweise auf Bäumen entstandenen Anpassungen zurückzuführen sind. In diesen Anpassungen haben wir das Streben nach möglichst reichlichem Lichtgenuss mit möglichst reichlicher Wasserzufuhr erkannt. Das Streben nach Licht treibt die Pflanzen nach den Baumgipfeln, sodass die epiphytische Vegetation das Gepräge allmählicher Vervollkommnung von unten nach oben ganz ungestört zeigen würde, wenn ihr Gewicht nicht gewisse hoch angepasste, aber grosse Epiphyten hinderte, sich auf den Astspitzen anzusiedeln. Mit dieser Wanderung nach oben war nothwendig eine Zunahme der Schutzmittel gegen Transpiration, ein Uebergang der Hygrophilie zu einer relativen Xerophilie verbunden. Die hygrophilen Epiphyten blieben auf den Urwald beschränkt und besitzen im Allgemeinen relativ kleine Verbreitungsbezirke. Die xerophil gewordenen Formen dagegen colonisirten die Savannen und drangen sogar theilweise weit über die Wendekreise, nach den Vereinigten Staaten und Argentinien, wo das Klima nicht feucht genug war, um die Entstehung autochthoner Epiphyten zu ermöglichen; so entstand die eigenthümliche Erscheinung einer tropischen atmosphärischen Vegetation im Walde.

Aufgabe der biologischen Pflanzengeographie ist es auch, zu untersuchen, warum die Pflanzendecke in Standortsfloren oder Genossenschaften gegliedert ist, warum gewisse Pflanzen gleichzeitig an mehreren Standorten vorkommen, während andere an ein ganz bestimmtes Substrat geknüpft sind. Die Epiphyten bieten uns an den verschiedensten Beispielen die

Beantwortung solcher Fragen, indem wir an manchen derselben die Ursache der ausschliesslich epiphytischen Lebensweise erkennen, während andere Arten uns Eigenschaften zeigen, die mit verschiedenartigen Substraten verträglich erscheinen. Die Epiphyten zeigen uns auch die Entstehung einer solchen Genossenschaft aus der Vegetation eines anderen Standorts, des Waldbodens, in allen ihren Stadien, und wir konnten sogar die Ursache des Vorherrschens bestimmter Typen, das Fehlen anderer, die auf dem Boden sehr gemein sind, theilweise erkennen und hiermit den systematischen Charakter der Genossenschaft aufklären. Wir haben nämlich die maassgebende Bedeutung des Baues der Früchte und Samen für den Uebergang zur epiphytischen Lebensweise nachgewiesen; da Früchte und Samen innerhalb ganzer Gruppen und Familien sehr constant sind, so konnten gewisse der letzteren an der Bildung der epiphytischen Genossenschaft theilnehmen, während andere von derselben nothwendig ausgeschlossen blieben.

Die Untersuchung der Standortsfloren ist aber nicht für sich allein von Interesse; die Existenzbedingungen haben vielfach nachweisbar einen wesentlichen Einfluss auf die Grösse der Verbreitungsgebiete, und eine genaue Kenntniss derselben wird daher die an die Wanderungen der Gewächse sich knüpfenden Probleme lösen helfen.

2. Bei der Darstellung der Flora einer Gegend oder einer Familie in ihren Wechselbeziehungen mit der Umgebung tritt meist eine grosse Unbestimmtheit zum Vorschein, indem zwischen den einzelnen Factoren nicht scharf genug unterschieden wird. Dieses ist auch begreiflich, da die systematische Pflanzengeographie von Gruppen ausgeht, deren charakteristische Merkmale keine nachweisbaren Anpassungen an äussere Einflüsse zeigen. Dadurch, dass die biologische Pflanzengeographie die nach den Lebensbedingungen am meisten wechselnden Eigenschaften ihren Gruppen zu Grunde legt, kann sie weit besser die einzelnen Einflüsse auseinanderhalten, ihre Bedeutung für die Artenbildung, für die Pflanzenwanderung u. s. w. präzisiren.

Hat man denjenigen Factor festgestellt, dem eine Gruppe gleichartiger Modificationen ihre Entstehung verdankt, so ist zu untersuchen, in wiefern er auch dem Reste der Vegetation derselben Gegend seinen Stempel aufgedruckt haben wird. So werden die atmosphärischen Niederschläge und der Wasserdampf der Luft, die wir als klimatische Factoren bei der Entstehung der Epiphyten kennen lernten, wahrscheinlich die Structur und Lebensweise auch der übrigen Urwaldgewächse wesentlich beeinflusst haben.

In der That glaube ich die physiognomischen Eigenthümlichkeiten des tropischen Urwalds beinahe sämmtlich auf die grosse Feuchtigkeit des

Klimas zurückführen zu können, da die Wälder der trockeneren Savannengebiete ein ganz anderes Gepräge besitzen. Die Bäume des Savannenwalds sind, der grossen Mehrzahl nach, nur einen Theil des Jahres belaubt und zeigen nie die Frondosität, die Mannigfaltigkeit der Blattformen des Urwalds; im letzteren erfordern die geringe Beleuchtung und die Transpiration eine möglichst grosse Laubfläche, die Formbildung der Blätter aber ist durch keine äusseren Einflüsse in Schranken gehalten, während im Savannenwalde die grössere Transpiration eine Reduction des Laubs, eine Bevorzugung gewisser Blatttypen bedingte. Die Bäume mit flügelförmigen Holzplatten an ihrer Basis, die sich in allen Urwäldern wiederfinden, fehlen ebenfalls in Folge der grösseren Transpiration; im Urwalde nämlich kann sich der Baum mit einem schmalen Transpirationsstrom begnügen und lässt daher die in der Pflanzenwelt überall zum Vorschein tretende Sparsamkeit, in der Stammbildung zur Geltung kommen; der Stamm wird im Verhältniss zur Krone dünn und durch Strebepfeiler aufrecht gehalten, während in der Savanne, wie in unseren Wäldern, der Transpirationsstrom einen dicken Stamm erfordert. Epiphyten und Lianen sind im Savannenwald spärlich oder fehlen ganz. Erstere sind, wie wir es gesehen, xerophile Auswanderer des Urwalds; letztere sind überall treue Begleiter der Epiphyten, denen sie in ihrem Wasserbedarf nur wenig nachstehen, was bei ihrem ungeheuer langen und im Verhältniss zur Krone dünnen Stämme wohl begreiflich ist. So gleicht der Wald in tropischen Savannen mehr einem solchen in Nord-Amerika oder Europa als dem viel näher gelegenen feuchten Urwalde. Andererseits aber finden wir stellenweise in der temperirten Zone Wälder, die in der Massenhaftigkeit ihrer Holzgewächse, ihrem Reichthum an Lianen und Epiphyten den tropischen ähneln, so in gewissen sehr feuchten Waldgebieten Japans nach REIN, namentlich aber im Feuerland, wo sich DARWIN nach dem brasilianischen Urwald versetzt glaubte.

Die Ursache dieser Aehnlichkeit des antarktischen mit dem brasilianischen Urwalde ist in dem überaus nassen Klima zu suchen, über welches der grosse Forscher so sehr klagt. Die ungleiche Feuchtigkeit ist demnach die klimatische Ursache der ungleichen Physiognomie des nordamerikanischen Urwalds einerseits, des tropischen und antarktischen andererseits. Sie erklärt uns, warum der Kampf ums Licht in Gestalt und Lebensweise der Gewächse in den beiden letzteren Wäldern so viel mehr zum Ausdruck kommt als in dem ersteren. Die Entwickelung der Vegetation aller Wälder ist durch zwei in entgegengesetzter Richtung wirkende Factoren beherrscht, dem Lichtbedürfniss und demjenigen nach Feuchtigkeit. Das erstere treibt die Gewächse in die Höhe, das letztere zieht sie nach unten; das erstere begünstigt die Ausdehnung des Laubs, das letztere schränkt sie ein. Wo Feuchtigkeit in Boden und Luft überreichlich vorhanden, da kann die Vegetation ihrem Triebe nach dem Lichte beinahe unbehindert folgen, die Stämme der Holzgewächse werden schlank und dünn, die Kronen locker, oft schirmformig, Kräuter und Sträucher, sogar Bäume verlassen den Boden, um sich auf dem Laubdache oder auf kahlen Felsen im vollen Lichte zu entwickeln. Wo die Feuchtigkeit gering, werden die Gestalten der Holzgewächse massiv, ihre Laubkronen gedrungen, die Laubblätter erhalten kleine Dimensionen und sämmtliche Gewachse, ausser Moosen und Flechten, bleiben an den Boden gebunden.

Bonn, im Mai **1888**.

Nachtrag.

Nach Abschluss der Correctur der letzten Bogen wurde mir von Herrn Dr. BRANDIS die soeben erschienene *Synopsis of Tillandsieae* von J. G. BAKER (S.-A. aus Journal of Botany **1887–88**) geliehen. Unser Verzeichniss der Gattung Tillandsia, das wir nach CHAPMAN's *Flora of the Southern United States* und dem Berliner Herbarium entworfen hatten, erfährt demnach folgende Modificationen:

Tillandsia bracteata ist die in Mexico und Westindien sehr verbreitete und längst bekannte T. fasciculata SWARTZ. Tillandsia tenuifolia, Bartramii und juncea sind, wie ich es bereits nach dem Berliner Herbarium annahm, identisch; anstatt des älteren Namens T. tenuifolia L. zieht B. denjenigen von T. setacea SWARTZ vor, weil LINNÉ unter jenem Namen ganz verschiedene Arten vereinigt hatte. Till. caespitosa gehört nicht, wie ich es auf Grund des Berliner Herbarium angab, zu T. tenuifolia, sondern ist eine etwas robustere Form von T. recurvata.

Erklärung der Tafeln.

Tafel I.

Epiphytischer Feigenbaum mit den Stamm des Wirthbaums umgebender Wurzelröhre und stelzenartigen Stützwurzeln. Auf der Wurzelröhre zwei junge epiphytische Bäume. Sikkim-Himalaya. Nach der Natur gemalt von Frau Generalforstinspektor Dr. BRANDIS.

Tafel II.

Eiche (Quercus virens) mit Tillandsia usneoides. Florida. Nach einer Photographie gemalt von W. ROSE.

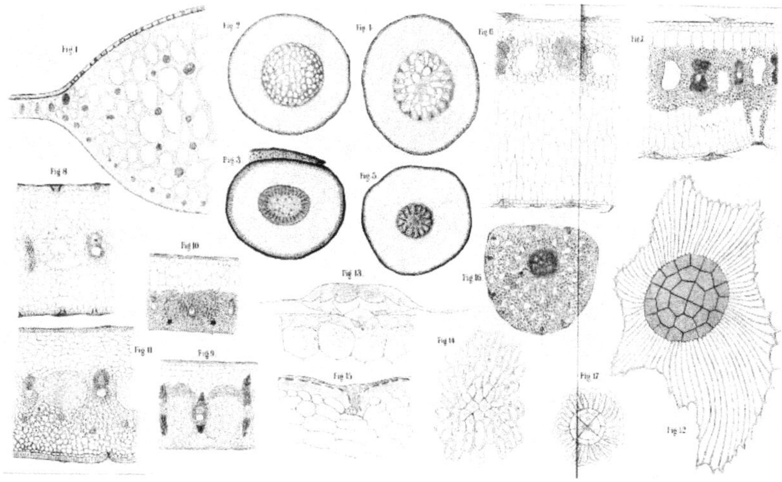

Tafel III.

1. Querschnitt durch die Mittelrippe des Blatts von Philodendron cannifolium (zehnfach vergrössert).

2. Nährwurzel von Carludovica Plumieri (id.).

3. Haftwurzel derselben (id.).

4. Nährwurzel von Anthurium sp. (id.).

5. Haftwurzel desselben (id.).

6. Querschnitt durch das Blatt von Tillandsia Gardneri. Basis (Vergröss. 70).

7. Id. Spitze (id.).

8. Querschnitt durch das Blatt von Vriesea tessellata. Basis (id.).

9. Id. Spitze (id.).

10. Querschnitt durch das Blatt von Hoplophytum Lindeni. Basis (id.).

11. Id. Spitze (id.).

12. Schuppe von Tillandsia recurvata (Vergr. 240).

13. Querschnitt durch dieselbe (Vergr. 500).

14. Schuppe von Ortgiesia tillandsioides (id.).

15. Querschnitt durch dieselbe (id.).

16. Querschnitt durch das Blatt von Tillandsia usneoides (Vergr. 70).

17. Schuppe einer Urwald-Vriesea (Vergr. 340).

Tafel IV.

Tillandsia bulbosa. Natürl. Grösse. Mit Benutzung einer Tafel des Botanical Magazine nach der Natur gemalt von W. ROSE.

Tafel V.

Tillandsia circinalis. Natürl. Grösse. Nach der Natur gemalt von W. Rose.

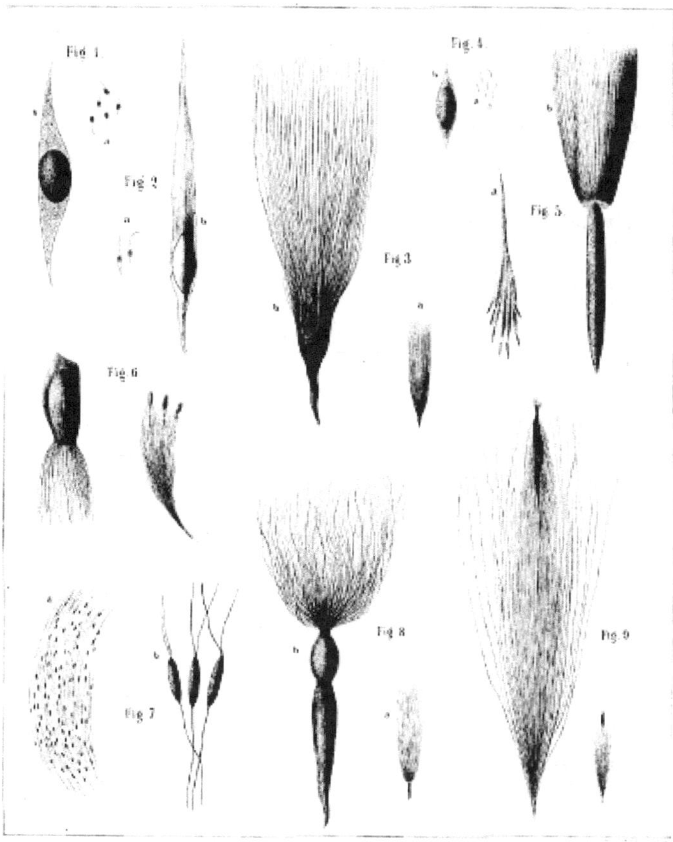

Tafel VI.

Samen von Epiphyten.

1. Hymenopogon brasiliensis.

2. Cosmibuena sp.

3. Hillia sp. aff. brasiliensis.

4. Rhododendron pendulum.

5. Dischidia imbricata.

6. Dischidia Rafflesiana.

7. Aeschynanthus leucalatus var. sikkimensis.

8. Catopsis sp.? (Blumenau).

9. Tillandsia vestita.

Fussnoten

1.

Ich habe nur die Gattungen aufgenommen, von welchen ich epiphytische Arten selbst beobachtet, oder in der Literatur erwähnt fand. In Begrenzung und Reihenfolge der Gattungen folge ich WITTMACK in *Natürl. Pflanzenfam.*, Bd. II, p. 32 sqq.

2.

ENGLER, *Entwickelungsgesch.*, II, p. 128.

3.

Versch. Farne (Nephrolepis), Orchideen (selten), Utricularia.

4.

Viele Araceen, Bromeliaceen, Carludovica, Peperomia etc.

5.

Vergl. über diese Pflanzen SCHENCK l. c.

6.

Vgl. darüber auch das 1. Heft des 1. Bandes der in Demerara erscheinenden Zeitschrift »*Timehri*«.

7.

Die Blattstiele sind an schattigen, feuchten Standorten, so auch in unseren Gewächshäusern, länger und bedeutend dünner als an der Sonne.

8.

Die erste anatomische Untersuchung einer solchen Pflanze habe ich in meinen *Epiphyten Westindiens* gegeben; sehr werthvolle Angaben über andere Arten bei JANCZEWSKI l. c.

9.

Vgl. über die Structur dieser Durchführgänge SCHIMPER, *Bot. Centralbl.*, **1884**, p. 255; JANCZEWSKI, l. c. p. 118.

10.

Ausser einigen Zusätzen und Modificationen aus meiner Arbeit von 1884 (*Bot. Centralbl.*, Bd. XVII) entnommen.

11.

Dass LIERAU eine Differenzirung in Nähr- und Haftwurzeln bei Anthurium vermisst hat, beruht nicht, wie er es glaubt, auf dem Einfluss der Cultur, sondern ist einfach darauf zurückzuführen, dass geeignete Arten ihm nicht zur Verfügung standen; die grosse Mehrzahl der Anthurium-Arten gehört zur ersten Gruppe. Die Gewächshäuser von Kew sind die einzigen, wo ich Anthurium-Arten des zweiten Typus beobachtet habe. Monstera deliciosa, wo nach Lierau in so ausgezeichneter Weise die Differenzirung zwischen Nähr- und Haftwurzeln zum Vorschein kommt, ist eine im Boden keimende Kletterpflanze, deren Stamm allerdings später von hinten abstirbt.

12.

Ausser einigen Zusätzen und Modificationen meiner Arbeit von 1884 entnommen.

13.

Obwohl ich an Ort und Stelle aus Mangel an Apparaten und hier aus Mangel an Material keine Versuche machen konnte, unterliegt es doch keinem Zweifel, dass die Wachsthumsrichtung der Wurzeln durch negativen Geotropismus bedingt ist. Die Stellung der Pflanze sei, welche sie möge, ihre Wurzeln stehen stets nach oben, und zwar bilden dieselben die verschiedenartigsten Winkel, um sich in den Erdradius zu stellen; kein anderer Tropismus kann die Ursache der Erscheinung sein, wie es Jedermann in reichen Orchideenhäusern constatiren kann.

14.

Die Pflanze wird in europäischen Gewächshäusern in Töpfen cultivirt, wobei natürlich die Eigenthümlichkeiten des Wurzelsystems beinahe nicht mehr erkennbar sind. Ich habe jedoch häufig (z. B. in Kew, Lüttich) die negativ geotropischen, aber wegen Mangels an Humus kurz bleibenden Nährwurzeln sich zwischen den Blättern erheben sehen.

15.

Wie mir Dr. FRITZ MÜLLER mittheilte.

16.

ANDRÉ hebt den Reichthum der Bromeliaceen auf Calebassenbäumen in Neu-Granada hervor.

17.

Auf einer Reise von Maturin über Aragua, San Felice, Gunna-Guana, den Cuchilla·Pass, Socorro nach der Guacharro-Höhle bei Caripe. Vgl. HUMBOLDT, *Reise in die Aequinoctial-Gegenden*, Bd. I, p. 345 u. f.

18.

Vgl. HOOKER, V, p. 529.

19.

Vgl. darüber auch ANDRÉ, l. c.

20.

Vgl. z. B. POEPPIG, Bd. II, p. 406.

21.

Vgl. PESCHEL, Bd. II, p. 271; HANN, Handb. etc., p. 176.

22.

Vgl. HANN, l. c., p. 177.

23.

Vgl. HANN, l. c., p. 178.

24.

Nach HOOKER's *Flora of British India.*

25.

Vgl. darüber das citirte Werk von GAMBLE; von diesem Autor stand mir auch eine Liste der Orchideen von Darjeeling zur Verfügung, welche derselbe auf Grund seines reichhaltigen Herbariums, auf freundliche Veranlassung von Herrn Dr. BRANDIS, zusammengestellt und letzterem mitgetheilt hatte.

26.

Vgl. darüber auch GRISEBACH, IV, p. 425.

27.

There are but few districts in the world which compare with Japan as regards the quantity and distribution of the yearly rainfalls. This would chiefly be the case with the Gulf States of North-Amerika, where likewise the summer is the rainiest season of the year, and the quantity of rain equals that in Japan. Thus Mobile has a fall of

1,626 mm, Bâton Rouge of 1,528, New-Orleans of 1,295, St. Augustin of 1,092. (REIN, l. c., engl. Ausgabe; p. 121.)

28.

GRISEBACH, I, Bd. II, p. 482. Vergl. darüber namentlich HANN, Handb., p. 681 ff., und DARWIN, *Naturw. Reisen*, II. Theil, p. 26–66.

29.

R. A. PHILIPPI, l. c.

30.

HANN, Handb., p. 372.

31.

Bd. II, p. 406.

32.

Vgl. über das eigenthümliche Klima der Südwestküste Amerikas HANN, Handb., p. 681 ff.

33.

Vgl. darüber HANN, I, p. 351, und über die Epiphyten ob. p. 114.

34.

Aus diesem Grunde wird man auch nie von einer physiologischen Pflanzengeographie sprechen können, während eine physiologische Morphologie natürlich wohl denkbar ist, obwohl sie auch in ihren Uranfängen noch nicht besteht.